PEIDIANWANG JIAKONGXIANLU XUNJIAN TUXIANG
SHEBEI QUEXIAN BIAOZHU PEIXUN JIAOCHENG

配电网架空线路巡检图像设备缺陷标注培训教程

主编 葛 健

参编 周业如 吴 迪 郭文铸 田 宇 朱 兵
潘 敏 甄 超 葛锦锦 戚振彪 王海港
徐晓波 何韦龙 吴 凯 刘海峰 李 潇
黄 星 范 申 张征凯 赵 成 胡若男
李红霞 张福华 张静鑫 包京哲 王孟娇

中国电力出版社
CHINA ELECTRIC POWER PRESS

内 容 提 要

本书介绍了配电网架空线路的形式、结构等基础知识，以及设备、组件的功能、应用范围、配置准则等。针对目前配电网智能巡检的趋势，紧密联系实际，对无人机巡视配电架空线路业务中缺陷诊断标注这一重要环节，从理论、规范、实践几个方面做了完整的介绍，具有探索的价值。书中采用了大量的可视化配网架空线路设备缺陷实例图片，将国家电网有限公司和安徽省电力有限公司的配电网设备缺陷分类标准与实例图片进行分析比较，使读者对缺陷的标注有直观的认识，具有较强的实用性和实操性。

本书主要作为配电网架空线路设备缺陷识别标图人员、算法研究人员的培训教材。

图书在版编目（CIP）数据

配电网架空线路巡检图像设备缺陷标注培训教程 / 葛健主编. -- 北京：中国电力出版社，2024. 12. -- ISBN 978-7-5198-9529-7

Ⅰ. TM755

中国国家版本馆 CIP 数据核字第 20241EL273 号

出版发行：中国电力出版社
地　　址：北京市东城区北京站西街 19 号（邮政编码 100005）
网　　址：http://www.cepp.sgcc.com.cn
责任编辑：熊荣华（010-63412543）
责任校对：黄　蓓　张晨荻
装帧设计：郝晓燕
责任印制：吴　迪

印　　刷：北京九天鸿程印刷有限责任公司
版　　次：2024 年 12 月第一版
印　　次：2024 年 12 月北京第一次印刷
开　　本：787 毫米 ×1092 毫米　16 开本
印　　张：16.25
字　　数：405 千字
定　　价：98.00 元

前 言

AI 模型训练与测试需要大量使用经过标注的高质量缺陷样本。无人机飞巡采集的大量配电架空线路设备巡检图像需要有经验的工程师进行缺陷标注和分类，这种工作方式效率低，加重了电力系统员工工作负荷。需要培训一支具备相关专业知识的标注数据样本团队，为算法训练、测试提供数百万级高质量的缺陷样本图片数据库，迭代训练模型，使 AI 目标检测算法模型能智能、高效、准确地识别出电力设备缺陷，为配电设备维护人员提供缺陷诊断服务。

编写这本培训教材，以及在此基础上建成的人机交互实训系统可以有针对性快速培训缺乏配电知识背景的标图员工。人机交互实训系统可用于培训员工识别设备缺陷实操能力、正确使用标识工具训练平台，也是算法研究人员的学习参考资料。培训教材共分为 9 章，每章知识点都配备对应图解，帮助标图人员认识设备、部件、缺陷。

第 1 章，配电网基本知识。本章简要介绍了配电网概念。

第 2 章，配电网架空线路基本组成。本章介绍了配电架空线路结构、杆塔、部件、连接等相关知识，供配电架空线路元件标图人员、算法研究人员学习。

第 3 章，配电网架空线路设备部件。本章介绍了配电网架空线路上的常见主要设备，供配电设备标图人员、算法研究人员学习。

前三章配备了对应知识内容的短视频，供员工学习理解所学知识。

第 4 章，配电网架空线路设备缺陷分类。本章依据国家电网公司配电网设备缺陷分类定级技术标准，筛选出可见光拍摄的可鉴别的设备外观缺陷种类，并附典型缺陷图片分别介绍，按照思维导图方式从不同维度（设备、缺陷、等级）归纳展示，供缺陷识别标注人员、算法研究人员学习。建议具备电力系统知识的缺陷识别标图人员从这章开始学习。

第 5 章，介绍安徽省配电架空线路无人机飞巡图片缺陷识别标图规范。该规范依据配电设备缺陷分类（第 4 章），结合算法研究需求及设备、缺陷特征，对标识标签含义进行了定义，配置了典型缺陷图片标注实例和说明，建立了标识体系及使用工具。缺陷标识人员、算法研究人员，电力企业内部缺陷标图人员应学习掌握这部分知识内容。

第 6 章，标注工具使用介绍。本章依据第 5 章内容设计了标注工具，标注人员要熟练掌握。

第 7 章，设备缺陷识别、标图能力测试培训系统使用介绍。该系统是将以上各章知识和习题库组织在数据库里，采用人机交互方式开展理论学习、识图练习、操作练习。员工可以使用系统提供的标注工具对选择的图片进行标注，系统依据标准答案自动判别学员识别缺陷正确性，系统依据案例中预设框与学员标识框的重合度对比，用 IoU 来进行测量，IoU 指标（交并比、重合度指标）可以由培训老师调整。系统会给出正确性和准确度提示学员。该系统可作为设备缺陷识别标注员工自测能力、提升能力、考试竞赛的平台。

第 8 章，习题库。习题库涵盖了上面的所有知识，分为判断题、选择题、多选题、操作题四类，共编制了 1000 多道习题。习题库在设备缺陷识别、标图能力测试培训系统中动态更新，大部分题目都是以图文并茂的方式展现。操作题没有纳入本章内容。

第 9 章，习题答案。

数据质量是迭代训练模型提高模型能力的基础，所以标注人员要用对、用好每一个标签。本教材和“标图能力测试培训系统”能帮助标注人员认识配电架空线路上的元件、设备及缺陷，并能规范标注，为模型训练贡献高质量的数据集。

本书由国网安徽省电力有限公司电力科学研究院陆巍总工主审，他提出了许多宝贵意见，在此表示感谢！

限于编者水平，书中不妥之处，敬请读者批评指正！

葛健

2024.7

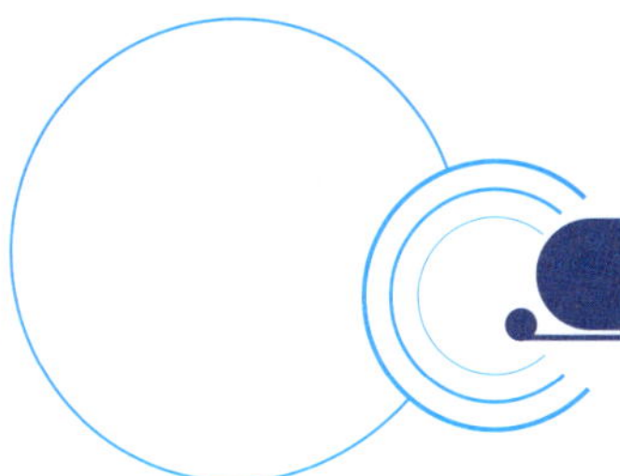

目　录

配电网架空线路巡检图像设
备缺陷标注培训题库
微信扫码，输入本书附赠免
费码即可使用

第 1 章 配电网基本知识

本章简单介绍电力系统及配电网的基本概念，没有电力系统知识背景的标图人员可从本章开始学习。

1.1 电力系统的概念

电力系统是由发电、变电、输电、配电和用电等环节组成的电能生产与消费系统。

如图 1–1 所示，一个完整的电力系统由分布各地的各种类型的发电厂、升压和降压变电所、输电线路及电力用户组成，它们分别完成电能的生产、电压变换、电能的输配及使用。

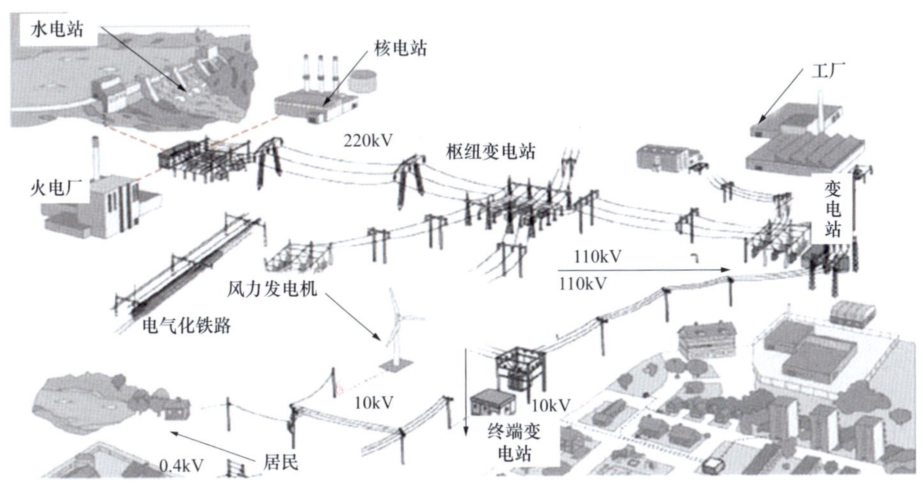

图 1–1　电力系统组成

1.2 电力网的概念

电力网是指由变电所和不同电压等级的输电线路组成的，其作用是输送、控制和分配电能。图 1–2 所示为典型的电力网结构。

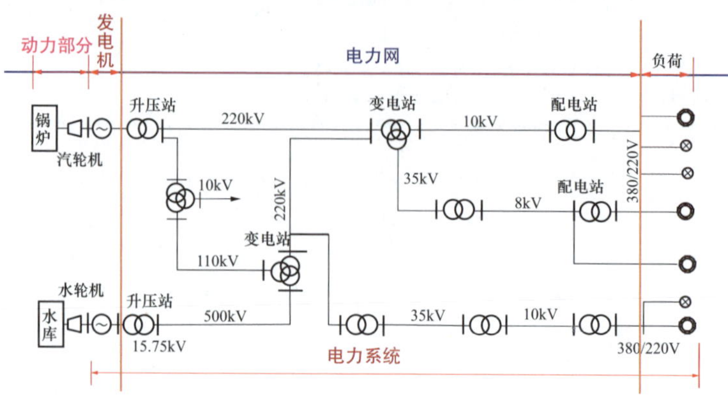

图 1-2　电力网结构

1.3　电力网电压等级

一个大的电力网是由许多子电力网发展、互联而成的，因此，按电压等级分层结构是电力网的一大特点。

电力网分为输电网、配电网。输电网一般是由电压为 220kV 以上的主干电力线路组成，它连接大型发电厂、大容量用户以及相邻子电力网。

配电网是向中等用户和小用户供电的网络，如图 1-3 所示，35 ~ 110kV 的称高压配电网，6 ~ 20kV 为中压配电网，1kV 以下的称低压配电网。

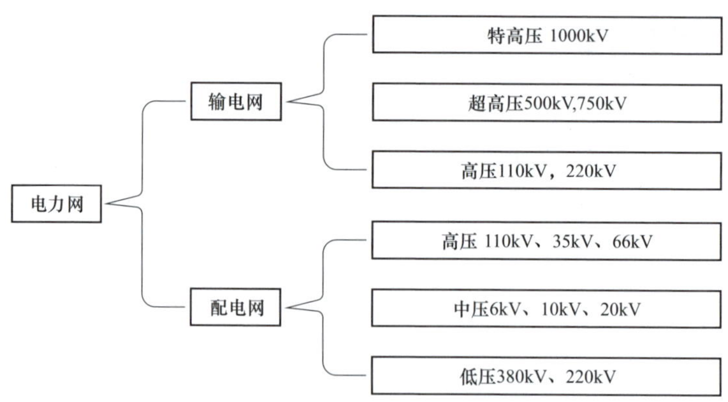

图 1-3　电力网电压等级分类

1.4　配电网（系统）概念

配电网是指从输电网或地区发电厂及光伏、风力等新能源发电站接收电能，通过配电设施就地分配或按电压逐级分配给各类用户的电力网。

配电系统是由多种配电设备（或元件）和配电设施所组成的变换电压和直接向终端用户分配电能的电力网络系统，如图 1-4 所示。

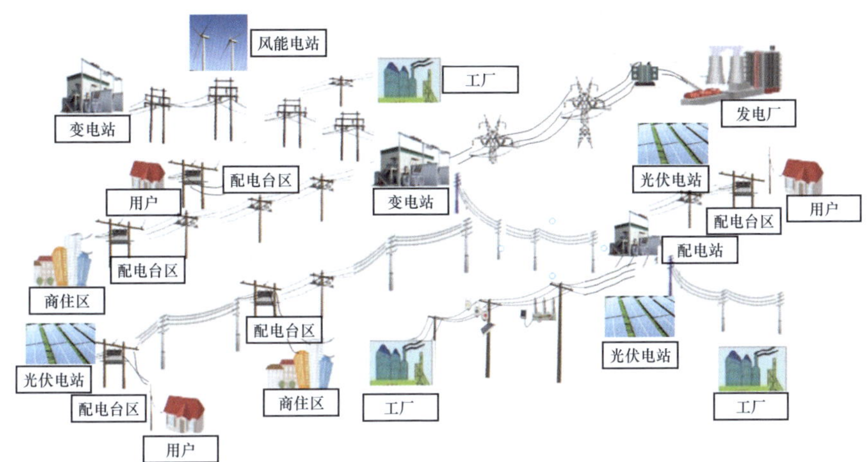

图 1-4　配电网络系统示意图

1.5　中、低压架空配电线路

配电网中、高压输电线路是用三根导线输送电能，线路分别对应 A、B、C 三相。10kV 架空线路如图 1-5 所示。

图 1-5　10kV 架空配电线路（左：同杆架设 4 回路；右：单回路）

低压配电网架空线路使用四根导线输送电能，线路分别对应 A、B、C、N 相。绝缘子颜色不同的导线是 N 相（零线）。400/380V 架空线路如图 1-6 所示。

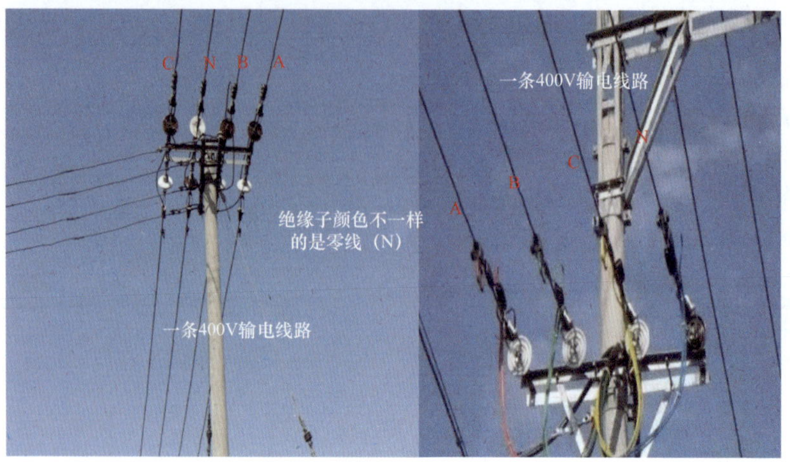

图 1-6　400V 架空配电线路

10kV 线路与 400/380V（低压）线路常常同杆架设，如图 1-7 所示。

图 1-7　高、低压同杆架设

电力线路的导线是用来传导电流、输送电能的。农村配电线路基本以架空电力线路为主。

1.6　10kV 线路档距

档距是指相邻两基电杆之间的水平直线距离。10kV 架空线路的档距应根据线路通过地区的气象条件、杆塔使用条件、导线排列形式和地形特点确定。图 1-8 为 10kV 线路档距示意图。

10kV 配电线路档距一般采用下列数值：城市 40 ~ 50m，城郊及农村 60 ~ 100m。线路跨越河流或经过丘陵山地时的档距可达 100 ~ 200m。

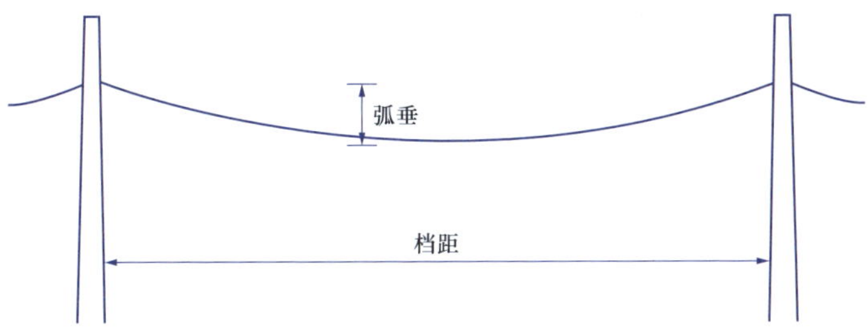

图 1-8　10kV 线路档距

1.7　线路弧垂

如图 1-9 所示，弧垂是指在平坦地面上，相邻两基电杆上导线悬挂高度相同时，导线最低点与两悬挂点间连线的垂直距离。一般地，当输电距离较远时，导线由于自重会形成轻微的弧垂，使导线呈悬链线的形状。

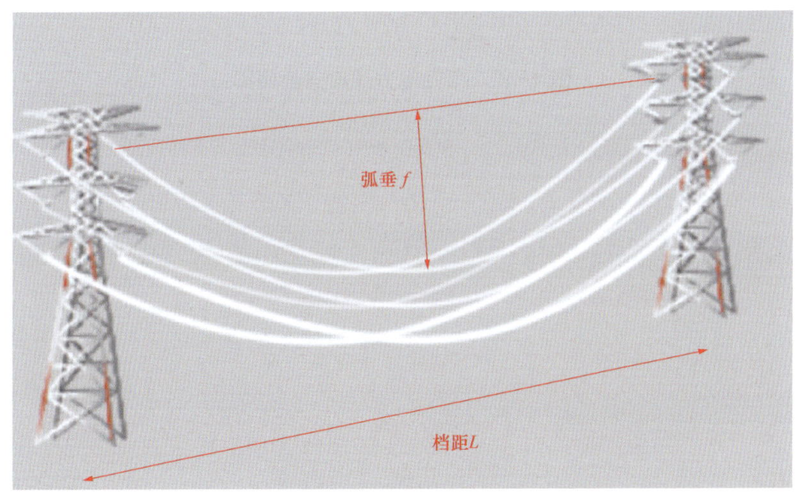

图 1-9　10kV 线路弧垂

1.8　10kV 线路安全保护区

架空电力线路保护区，是为了保证已建架空电力线路的安全运行和保障人民生活的正常供电而必须设置的安全区域。在厂矿、城镇、集镇、村庄等人口密集地区，架空电力线路保护区为导线边线在最大计算风偏后的水平距离和风偏后距建筑物的水平安全距离之和所形成的两平行线内的区域。10kV 导线边线在计算导线最大风偏情况下，距建筑物的水平安全距离为：裸导线 1.5m，绝缘导线 0.7m；对地垂直距离（弧垂最低点）7m；对树梢、建筑物垂直距离 1.5m。如图 1–10 所示。

在保护区内禁止使用机械掘土、种植林木；禁止挖坑、取土、兴建建筑物和构筑物；不得堆放杂物或倾倒酸、碱、盐及其他有害化学物品。

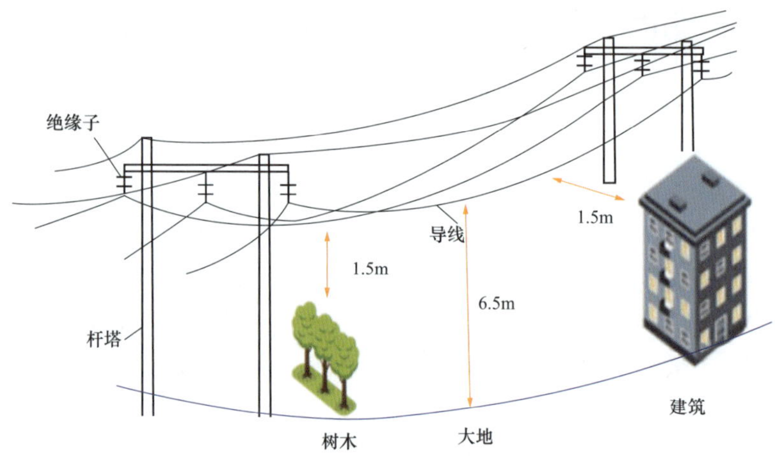

图 1–10　架空电力线路安全距离

第2章 配电网架空线路基本组成

本章较详细地介绍了配电架空线路的组成，是不具备配电架空线路相关知识的标图人员及AI算法人员学习的重要内容。通过本章学习掌握配电架空线路基本结构，认识线路上各种部件、用途、连接方式、特征，分清各类杆塔功能及特征，为后续识别缺陷打好基础。

2.1 配电网架空线路组成概述

10kV架空配电线路主要由电杆（塔）、横担、导线、拉线、绝缘子、金具、杆上设备、杆塔基础、防雷设备和接地装置等组成。

柱上设备包含：配电变压器、柱上断路器、配网自动化装置、跌落式熔断器、隔离开关、避雷器、电压互感器、故障指示器、接地挂环、标识牌、相色牌等。

10kV配电线路结构如图2-1所示。

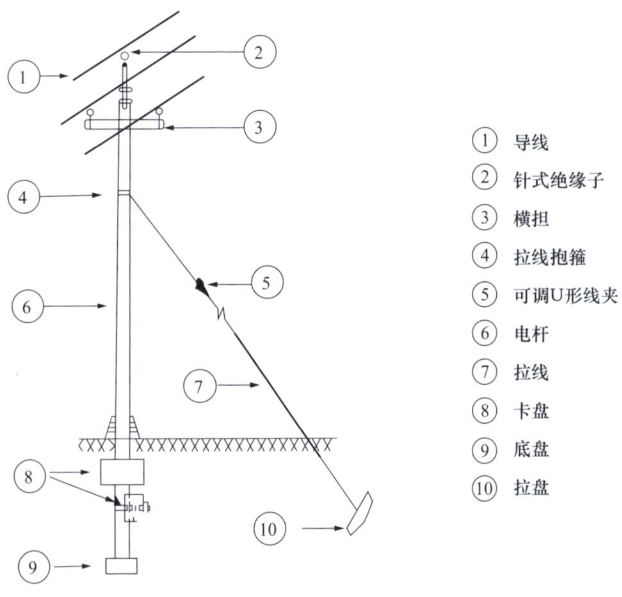

图2-1 10kV配电线路结构示意图

2.2 10kV 架空线路导线

架空线路导线材料分为钢芯铝绞线（裸导线）、绝缘导线两种。

1. 裸导线

传统架空线路的导线为裸导线，以钢芯铝绞线（LGJ）为主。

一般裸导线线芯暴露在大气环境中易遭腐蚀，户外架设不到 5 年就会老化开裂，失去原有性能。裸导线的线间距离和对建筑物、树木的间距要求较高。

架空导线多采用钢芯铝绞线，其钢芯的主要作用是提高机械强度。钢芯铝绞线如图 2–2 所示。

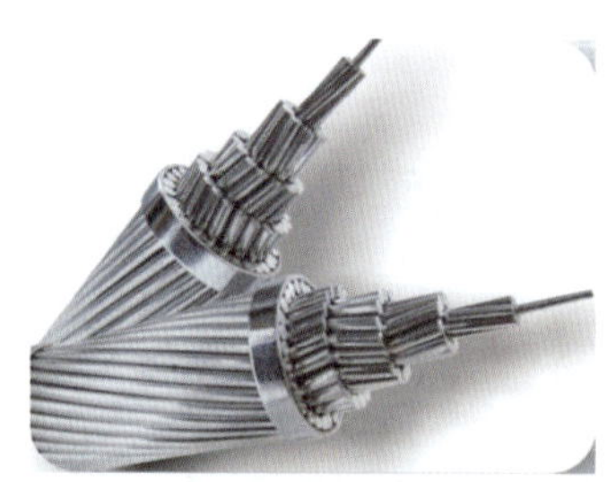

图 2–2　钢芯铝绞线示意图

2. 绝缘导线

架空绝缘线路的导线为绝缘导线，导线绝缘材料为交联聚乙烯（JKLYJ）。

架空绝缘导线与裸导线相比，其最明显特点是耐气候老化。采用架空绝缘导线可以适当减小导线的线间距离和对建筑物、树木的间距。绝缘导线如图 2–3 所示。

图 2–3　绝缘导线示意图

3. 导线绑扎

导线的固定应牢固、可靠，且符合下列规定。

（1）直线杆柱式绝缘子导线固定应采用顶槽绑扎法，如图 2–4 所示。

绑扎线在导线两侧缠绕要牢固，形成的 X 形的交叉要牢固，绑扎线在导

线两侧缠绕要整齐，形成 X 形的交叉要整齐。绝缘子颈的内外侧都为 4 道绑扎线，顶的两边有 6 道绑扎线。

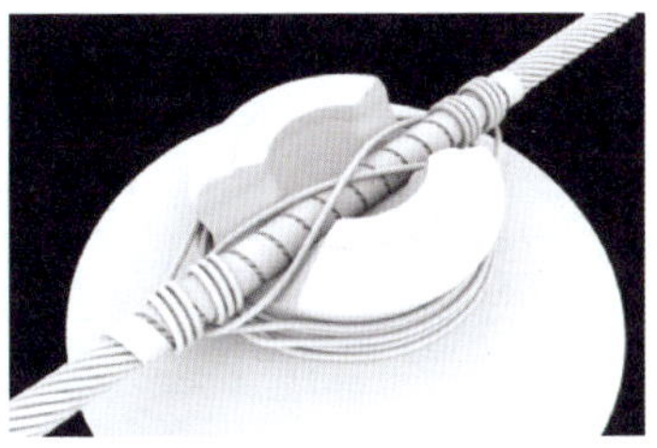

图 2-4　顶槽绑扎法

（2）直线转角杆（小角度转角杆）采用边槽绑扎法，如图 2-5 所示。柱式绝缘子导线应固定在转角外侧的槽内，瓷横担绝缘子导线应固定在第一裙内。

绑扎线在导线两侧缠绕要牢固，形成的 X 形的交叉要牢固，绑扎线在导线两侧缠绕要整齐，形成 X 形的交叉要整齐。绝缘子颈的下侧为 6 道绑扎线。

图 2-5　边槽绑扎法

2.3　10kV 架空线路杆塔

2.3.1　杆塔材料

10kV 线路杆塔按照材质分类为：水泥电杆、铁塔、木杆、复合材料杆。

1. 水泥电杆

如图 2-6 所示，水泥电杆是用混凝土与钢筋制成的电杆，一般是环形电杆，有锥形杆（拔梢杆）和等径杆两种。锥形杆的梢径一般为 190 ~ 230mm，锥度为 1 : 75；等径杆的直径为 300 ~ 550mm。电杆长度为 12、15、18m。图 2-7 为锥度示意图。

2. 铁塔

铁塔较坚固，承载力强，使用年限长；但消耗钢材多，易腐蚀，造价和维护费用大，按材质分为：角钢组装塔、钢管组装塔、钢管角钢塔。图 2-8 为两种不同的铁塔。

图 2-6　水泥电杆

锥度的概念：指圆锥的底面直径与锥体高度之比，如为圆锥台，则为上下两底圆的直径差与锥体高度之比。

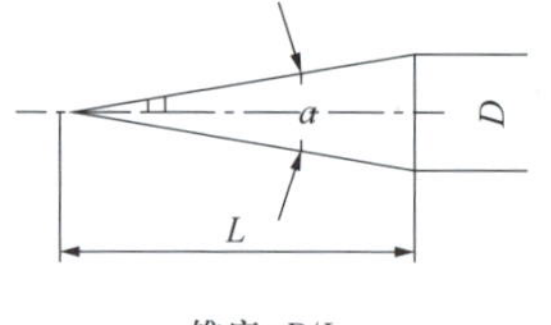

锥度=D/L

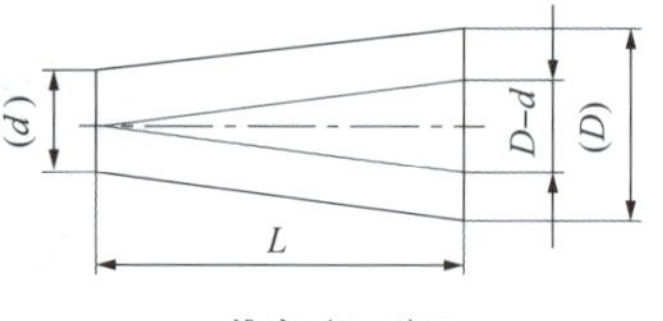

锥度=$(D-d)/L$

图 2-7　锥度

图 2-8　铁塔［左：钢管组装塔；右：角钢（窄基）组装塔］

2.3.2　电杆用途分类

如图 2–9 和图 2–10 所示，电力杆塔按照用途及功能分别如下。

直线杆（中间杆）：只承受导线的垂直负荷和侧向风力，不承受沿线路方向的导线拉力。

耐张杆（承力杆）：在断线事故发生时，能承受一侧导线的拉力。

转角杆：用于导线要转角的地方。

终端杆：位于线路的始端和终端。

跨越杆：用于铁道、河流、道路和电力线路交叉的两侧。电杆高，且承受力大。

分支杆：能承受分支线路导线的全部拉力。

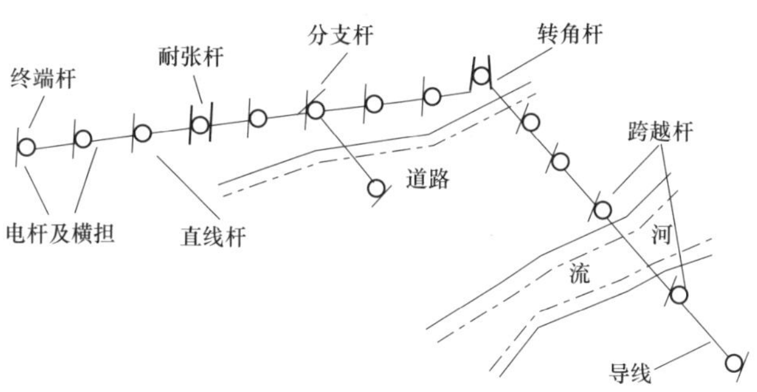

图 2–9　电力杆塔用途及分类

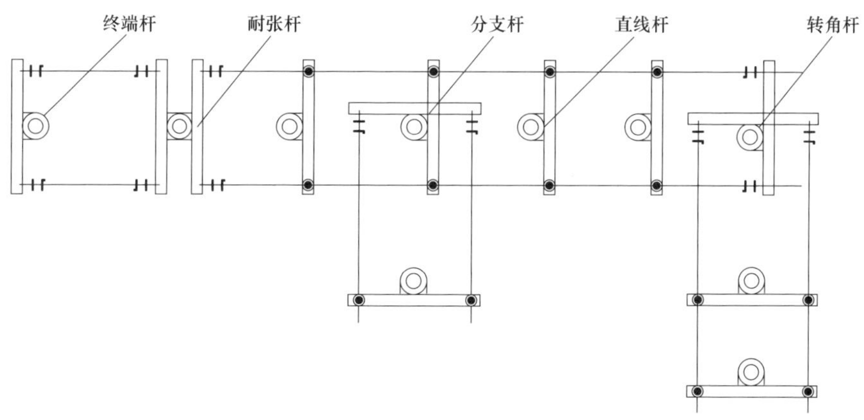

图 2–10　电力杆塔用途及分类

1. 直线杆

直线杆又称中间杆或过线杆，如图 2–11 所示。用在线路的直线部分，仅起支撑作用，主要承受导线重量和侧面风力，故杆顶结构较简单，一般不装拉线。

图 2-11　直线杆

2. 耐张杆

如图 2-12 所示，耐张杆是为限制倒杆或断线的事故范围，需把线路的直线部分划分为若干耐张段，在耐张段的两侧安装耐张杆。耐张杆除承受导线重量和侧面风力外，还要承受邻档导线拉力差所引起的沿线路方面的拉力。为平衡此拉力，通常在其前后方各装一根拉线。

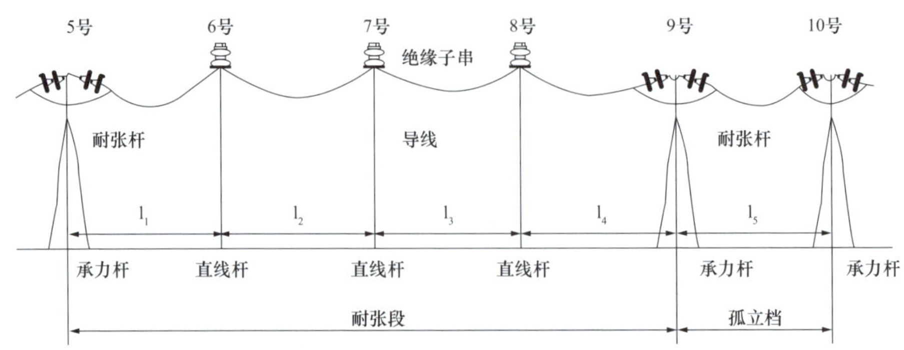

图 2-12　耐张段

耐张杆两边导线不直接连接，依靠耐张线夹通过跳线相连，如图 2-13 所示。

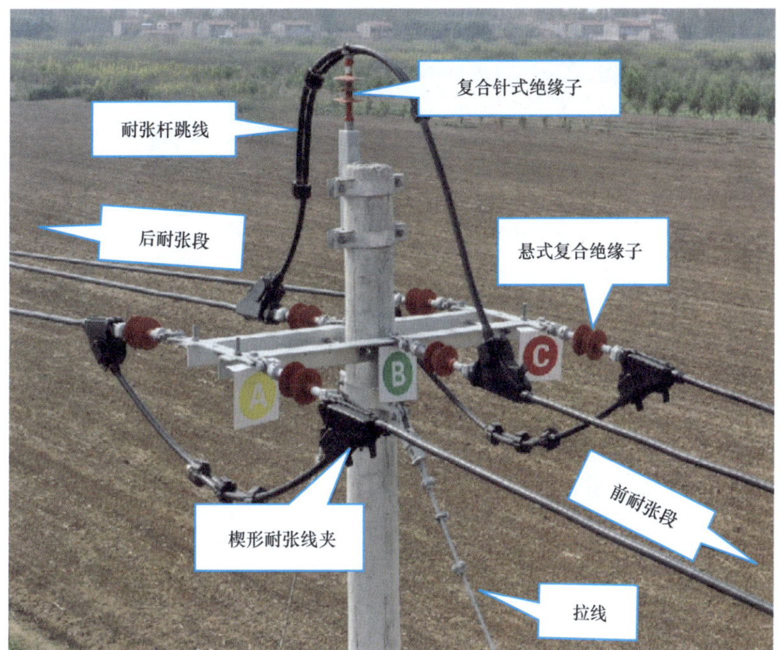

图 2-13　耐张杆

3. 转角杆

转角杆用在线路改变方向的地方，转角杆的结构随线路转角不同而不同。

（1）转角在 15° 以内时，可仍用原横担承担转角合力，如图 2-14 所示。

图 2-14　单横担单绝缘子转角杆

（2）转角在 15°～30° 时，可用两根横担，在转角合力的反方向装一根拉线，如图 2-15 所示。

图 2-15　双横担双绝缘子转角杆

（3）转角在 30° ~ 45° 时，除用双横担外，两侧导线应用跳线连接（结构同耐张杆），在导线拉力反方向各装一根拉线，如图 2-16 所示。

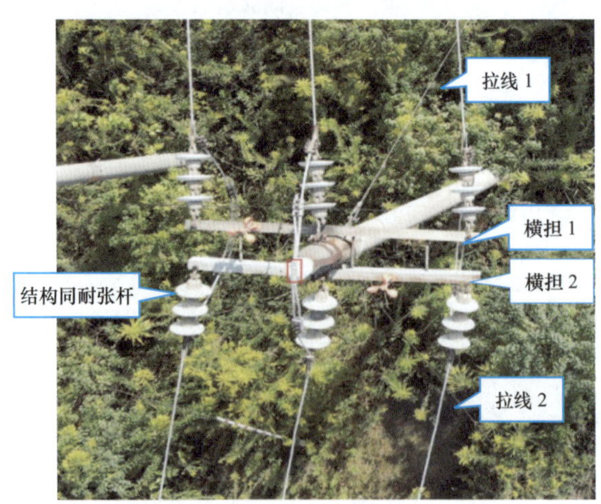

图 2-16　耐张结构转角杆（30° ~ 45°）

（4） 转角在 45° ~ 90° 时，用两对横担构成双层，两侧导线用跳线连接，同时在导线拉力反方向各装一根拉线，如图 2-17 所示。

4. 终端杆

终端杆设在线路的起点和终点处，承受导线的单方向拉力，为平衡此拉力，需在导线的反方向装拉线。如图 2-18 所示，终端杆有架空线路转地下电缆终端杆，还有架空线路终端杆。

图 2-17 耐张结构转角杆（45°~90°）

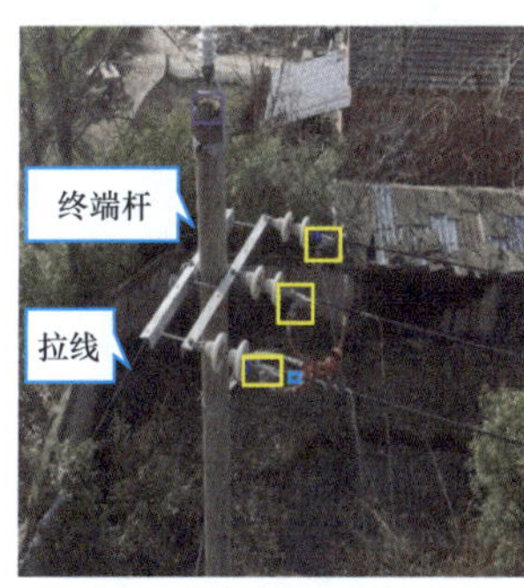

图 2-18 终端杆（左：架空线路终端杆；右：架空线路转地下电缆终端杆）

5. 分支杆

分支杆设在分支线路连接处，在分支杆上应装拉线，用来平衡分支线拉力，如图 2-19 所示。分支杆结构可分为丁字分支和十字分支两种：丁字分支是在横担下方增设一层双横担，以耐张方式引出分支线；十字分支是在原横担下方设两根互成 90° 的横担，然后引出分支线。

图 2-19 分支杆

6. 跨越杆

跨越杆是遇到需要跨越时，若线路从被跨越物上方通过，电杆应尽量靠近被跨越物（但应在倒杆范围以外），若线路从被跨越物下方通过，交叉点应尽量放在档距之间；跨越铁路、公路、通航河流等时，跨越杆应是耐张杆或打拉线的加强直线杆。图 2-20 所示为山区跨越门形杆。

图 2-20　山区跨越门形杆

7. 变压器台架杆（双杆式台架式配电站）

变压器台变杆用于固定、安装配电变压器及配套设备，如图 2-21 所示。当配电变压器容量在 50 ~ 315kVA 时，必须采用双杆式配电变压器台架，即用两根水泥杆与铁横担组成台架，安装配电变压器、低压配电箱，除了用于安装配

图 2-21　变压器台架杆

电变压器和低压配电箱以外，还要安装高压跌落式熔断器、高压避雷器及高压引下线；同时用于固定低压配电线路。

2.4　横担及横担的连接固定

2.4.1　横担

横担的作用：电线杆顶部横向固定的角铁，上面有绝缘子（俗称瓷瓶），用来支撑架空电线。

横担是杆塔中重要的组成部分，它的作用是用来安装绝缘子及金具，以支承导线、避雷线，并使之按规定保持一定的安全距离。

按用途可分为：直线（杆）横担、转角（杆）横担、耐张（杆）横担。

根据横担的受力情况，对直线杆或 15° 以下的转角杆采用单横担，而转角在 15° 以上的转角杆、耐张杆、终端杆、分支杆皆采用双横担。（部分地区杆均采用双横担）

按材料可分为：铁横担、瓷横担、合成绝缘横担。

2.4.2　横担材料

1. 铁横担

铁横担用角钢制成，机械强度高，坚固耐用，需要做镀锌防腐处理；防腐处理不好易锈蚀、起皮、出现麻点，影响使用寿命，绝缘性和耐雷性差。

图 2-22 为铁横担示意图。

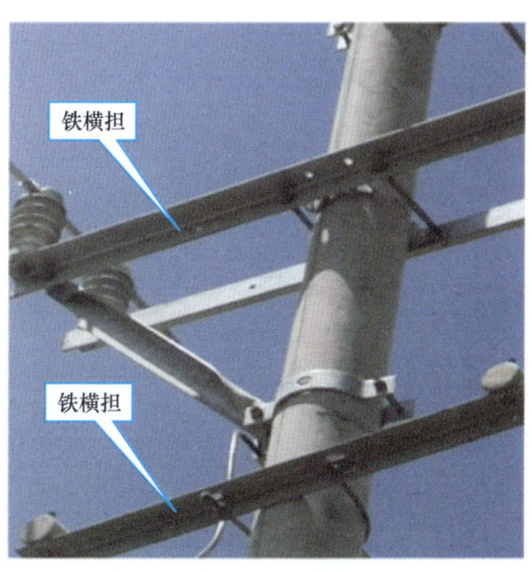

图 2-22　铁横担

2. 瓷横担

（1）瓷横担的绝缘水平与耐雷性水平较高，自然清洁效果好，事故率低，在污秽地区使用，比针式绝缘子可靠；重量较轻，便于施工、检修和带电作业，瓷横担能自动偏转一定的角度，一旦发生断线情况，可自行调整导线松紧，有效防止次生事故发生。

（2）瓷横担机械强度较低，在运输、施工当中容易损坏或断裂，多用于空旷地带；瓷横担可兼顾横担和绝缘子，而且造价较低，可简化线路杆塔结构，具有明显的经济效益。

图 2-23 为瓷横担及其安装示意图。

图 2-23　瓷横担及其安装示意图

3. 合成绝缘横担

（1）由玻璃纤环氧树脂和硅橡胶为主要材料制成，机械强度高，具有良好的介电性能，憎水性，耐老化、耐腐蚀性能，使用寿命长。

（2）合成绝缘横担爬电距离大于 750mm，干弧距离大于 600mm，便于带电作业。

（3）10kV 线路安装合成绝缘横担可减少避雷器的使用，但需要每 10 基杆加装一组引流防护装置或避雷器等防雷装置，进行雷电过电压的引流；进一步降低运维检修成本。

图 2-24 为合成绝缘横担及其安装示意图。

2.4.3　横担与杆塔连接

1. 单横担连接

图 2-25 所示为单横担连接示意图。

2. 双横担连接

图 2-26 所示为双横担连接示意图。

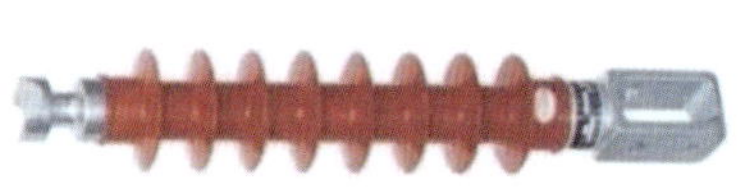

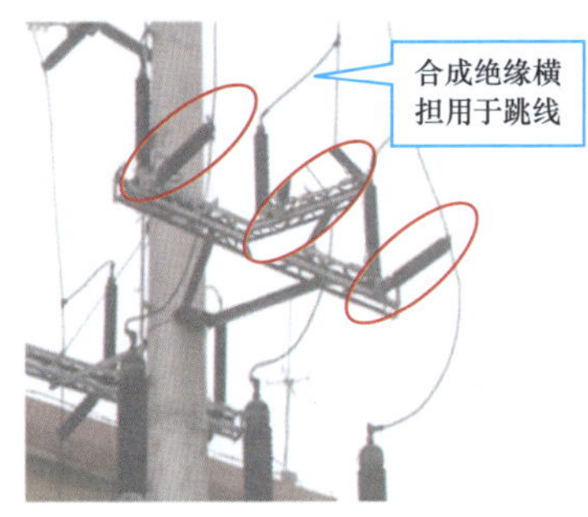

图 2-24　合成绝缘横担及其安装示意图

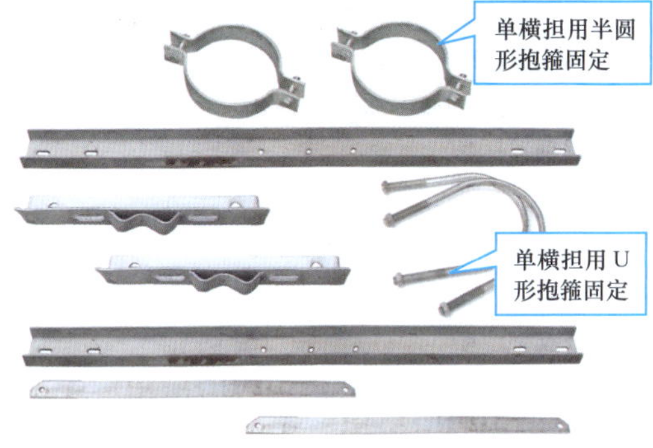

图 2-25　单横担连接

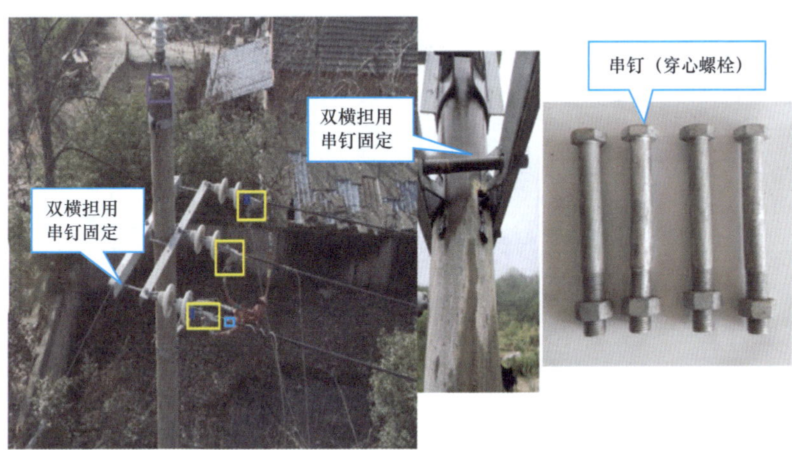

图 2-26　双横担连接

2.4.4 顶帽

顶帽常常用于10kV线路单回路线路直线杆顶，用于支撑B相导线，顶帽用抱箍和螺栓与水泥杆紧密连接，顶帽上一般安装针式绝缘子或柱式绝缘子或防雷式复合绝缘子。图2-27为10kV直线杆顶帽示意图。

图2-27　10kV直线杆顶帽

2.5 绝缘子

绝缘子是安装在导体与接地构件之间，能够耐受电压和机械应力作用的器件。绝缘子起到支撑、固定导线，并使导线与杆塔金具接地体绝缘隔离，如图2-28所示。绝缘子是由陶瓷、玻璃、复合材料制作的绝缘体。

图2-28　绝缘子在电杆上的应用

2.5.1 绝缘子结构与特性

1. 瓷绝缘子与玻璃绝缘子

绝缘子的组成：绝缘子（俗称瓷瓶）由瓷质部分和金具两部分组成，中间用水泥黏合剂胶合。图2-29展示了玻璃绝缘子和瓷绝缘子。瓷质（玻璃、绝缘芯棒）部分是保证绝缘子有良好的电气绝缘强度，金具是固定绝缘子、连接导线用的。

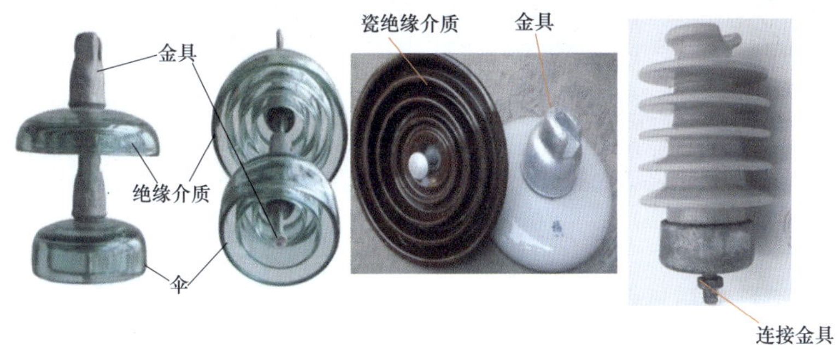

图 2-29　玻璃绝缘子和瓷绝缘子

芯体（绝缘子的）：绝缘子中心绝缘部件，提供机械性能。注：伞套和伞不是芯体的一部分。

釉：瓷绝缘子绝缘件上的玻璃质表面层。

伞（绝缘子的）：绝缘子主体上突出的绝缘部分，用以增加爬电距离。

爬电距离：在绝缘子正常施加运行电压的导电部件之间沿其表面的最短距离或最短距离之和。图 2-30 为爬电距离示意图。

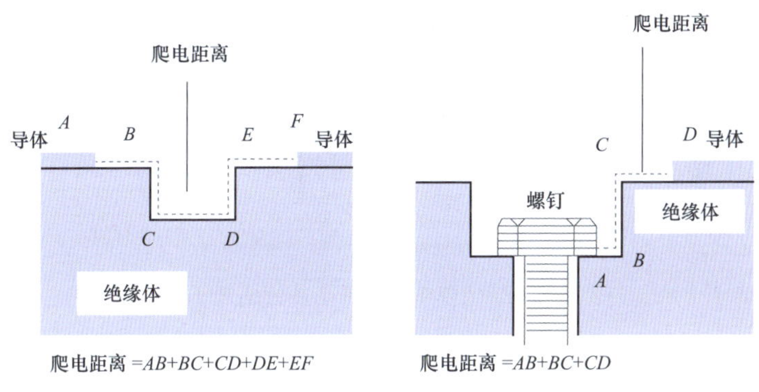

图 2-30　爬电距离

闪络（绝缘子的）：在绝缘子外部且沿其表面的一种贯穿性放电，使正常情况下承受运行电压的部件之间发生电气连接。如雾天，受潮湿空气的影响，绝缘子表面会产生电晕效应。

击穿（绝缘子的）：穿过绝缘子固定绝缘材料，使其绝缘强度永久丧失的一种破坏性放电。击穿也是一种导电现象，绝缘子的绝缘程度承受不了所架设的导体传输的电压，导致高电压往低电压方向放电，造成的绝缘子击穿现象（见图 2-31）。

图 2-31　绝缘子击穿现象

2. 合成绝缘子与复合绝缘子

结构上：合成绝缘子主要是由有机高分子复合材料和硅酸盐复合材料组成，而复合绝缘子则是由两种或两种以上不同类型的绝缘材料复合而成。

性能上：合成绝缘子具有良好的电气性能、机械强度和耐污染性能，适用于各类电气设备。而复合绝缘子由于采用了多种不同种类的绝缘材料，因此具有更加优秀的抗污闪性能、耐候性能和耐热性能，适用于特殊环境下的设备。

外观上：合成绝缘子与复合绝缘子没有什么区别（见图 2-32），都具有体积小、重量轻、机械强度高、外形美观、抗污闪性能强等优点。

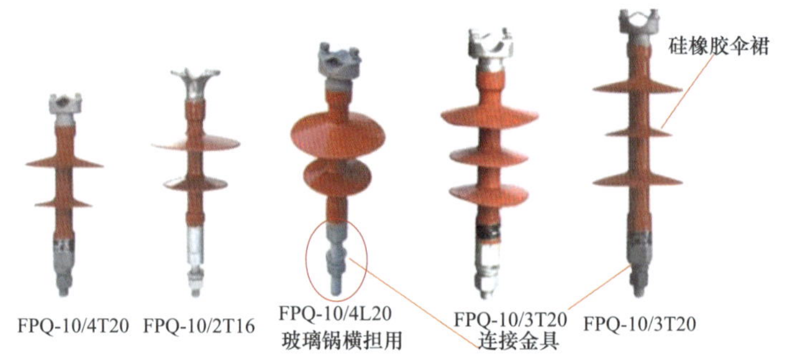

图 2-32　合成绝缘子与复合绝缘子

2.5.2　绝缘子分类及用途

绝缘子分类如图 2-33 所示。

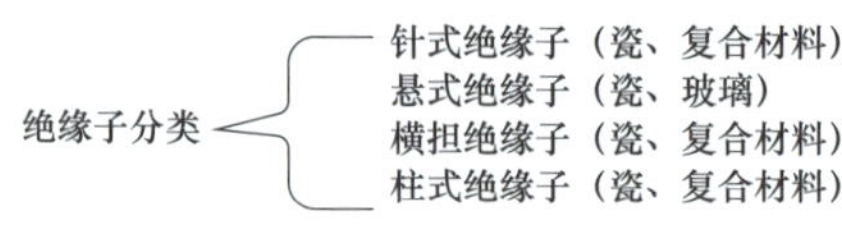

图 2-33　绝缘子分类

1. 针式绝缘子

针式绝缘子（见图 2-34）主要用于直线杆塔或角度较小的转角杆塔上，也有在耐张杆塔上用于固定导线跳线。

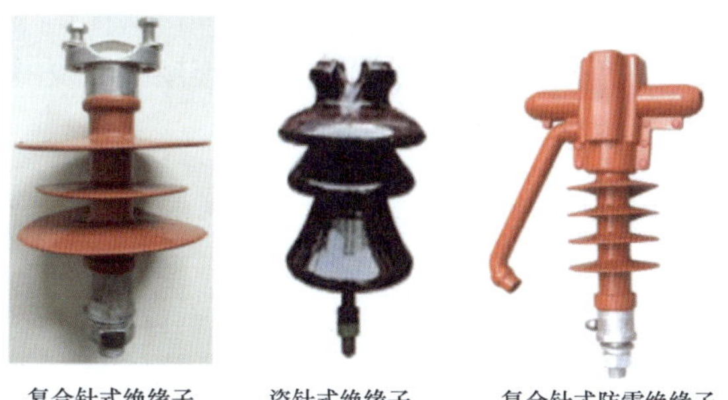

复合针式绝缘子　　瓷针式绝缘子　　复合针式防雷绝缘子

图 2-34　针式绝缘子

2. 悬式绝缘子

悬式绝缘子（见图 2-35）主要用于架空配电线路耐张杆、转角杆、分支杆、终端杆，一般低压线路采用一片悬式绝缘子悬挂导线，10kV 线路采用两片组成绝缘子串悬挂导线。悬式瓷绝缘子金属附件连接方式分球窝形和槽形两种。

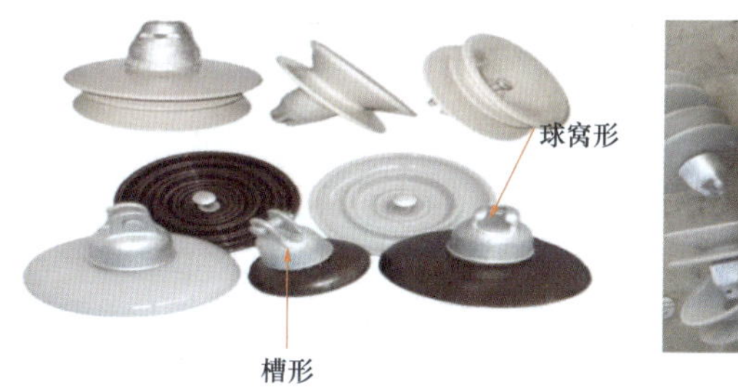

图 2-35　悬式绝缘子

槽形悬式绝缘子直接使用双联直角挂板与横担连接，连接部位使用螺栓 + 螺母 +（R 形）保险销钉，如图 2-36 所示。

图 2-36　槽形悬式绝缘子连接横担方式

球碗形悬式绝缘子使用球形挂环连接，连接部位仅使用 W 形销钉，球形挂环再与直角挂板连接，直角挂板再与横担连接，连接部位使用螺栓 + 螺母 +（R 形）保险销钉，如图 2-37 所示。

图 2-37　球碗形悬式绝缘子与横担连接方式

3. 复合材料悬式绝缘子

如图 2-38 所示，复合材料悬式绝缘子用于耐张结构的杆塔，一头是碗（窝）形，一头是球形。

图 2-38　复合材料悬式绝缘子

4. 横担绝缘子

线路横担绝缘子（见图 2-39）用于高压架空输配电线路中绝缘和支持导线，一般用于 10kV 线路直线杆，它可以代替针式绝缘子、瓷横担绝缘子具有安全可靠、维护简单、线路造价低、材料省等优点。

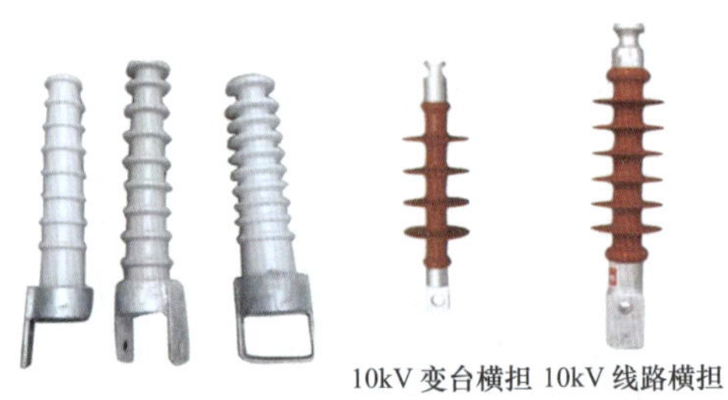

图 2-39　横担绝缘子（左：瓷横担绝缘子；右：复合横担绝缘子）

5. 柱式绝缘子

柱式绝缘子用途与针式绝缘子大致相同，并且浅槽裙边使其自洁性能良好，抗污闪能力要比针式绝缘子强，因此在配电线路上应用非常广泛。图 2–40 为两种不同材料的绝缘子。

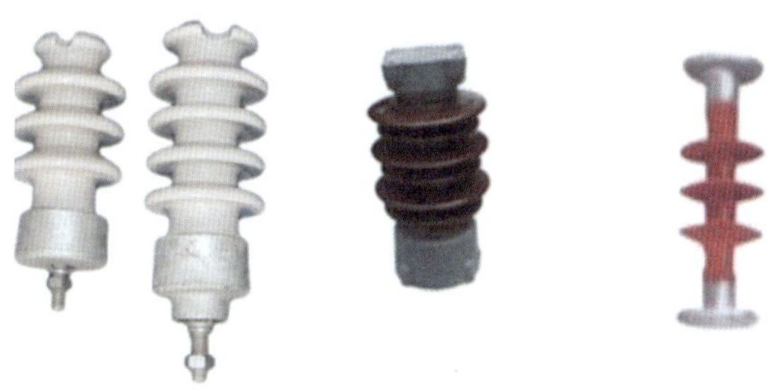

图 2-40　柱式绝缘子（左：瓷柱式绝缘子；中：瓷柱式绝缘子；右：复合柱式绝缘子）

6. 棒式绝缘子

如图 2–41 所示，棒式绝缘子为外胶装结构的实心磁体，可以代替悬式绝缘子串或蝶式绝缘子用于架空配电线路的耐张杆塔、终端杆塔或分支杆塔，作为耐张绝缘子使用。

图 2-41　棒式绝缘子（陶瓷悬式绝缘子）

7. 拉线绝缘子

拉线绝缘子的主要作用是防止拉线带电，常采用悬式绝缘子或拉线复合绝缘子，如图 2–42 所示。

2.6　配电线路金具

架空配电线路中，绝缘子连接成串、横担在电杆上的固定、绝缘子与导线的连接、导线与导线的连接、拉线与杆桩的固定等都需要一些金属附件，这些

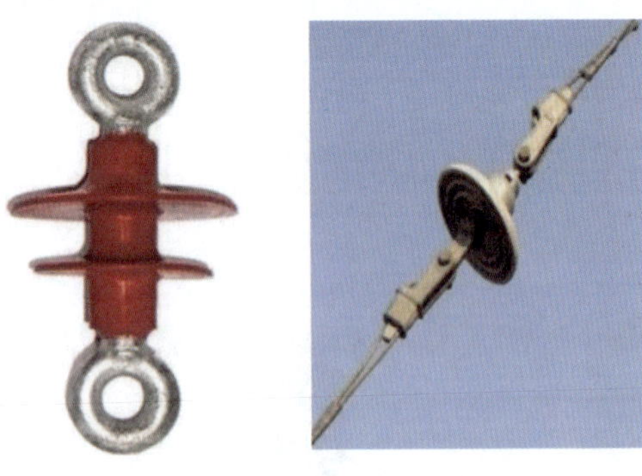

图 2-42　拉线绝缘子（左：复合拉线绝缘子；右：瓷拉线绝缘子）

金属附件在电力线路中称为金具。

配网金具按性能和用途分为悬垂线夹、耐张线夹、连接金具、接续金具、保护金具、拉线金具。

2.6.1　线夹

1. 悬垂线夹

悬垂线夹也称支持金具（见图 2-43），常常用于将导线固定在直线杆塔绝缘子串上，常用的悬垂线夹是 U 形螺栓型。

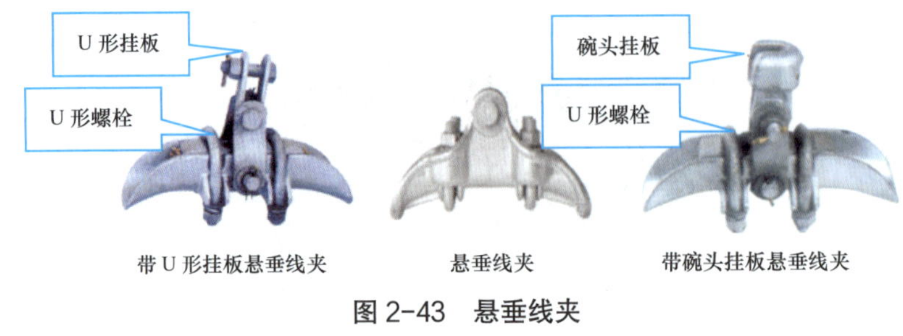

图 2-43　悬垂线夹

图 2-44 为悬垂线夹结构图。

2. 耐张线夹（紧固金具）

耐张线夹又名紧固金具，用于将导线固定在非直线杆塔的耐张绝缘子串上。常用的耐张线夹是倒装式螺栓型，分为螺栓型耐张线夹（见图 2-45）、压接型耐张线夹（见图 2-46）、楔型耐张线夹（见图 2-47）。

倒装式螺栓型适用范围：缠绕上铝包带的铝绞线、钢芯铝绞线（农网、变电站等）。

压接型耐张线夹适用范围：大截面钢芯铝绞线、铝合金绞线、扩径导线、耐热导线等。

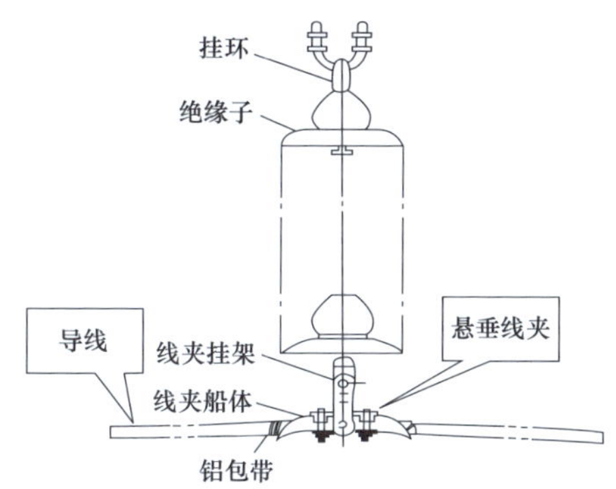

图 2-44　悬垂线夹结构图

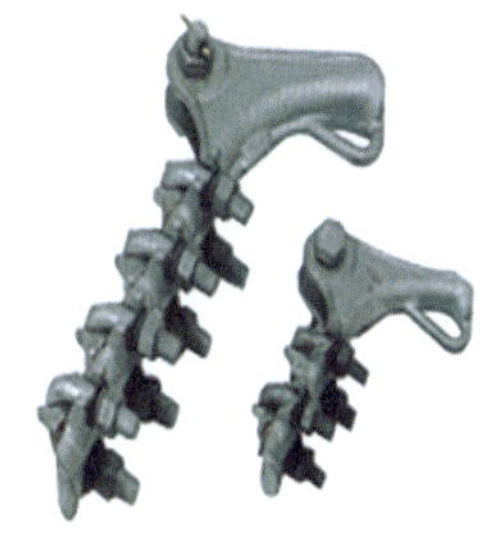

倒装式螺栓型耐张线夹

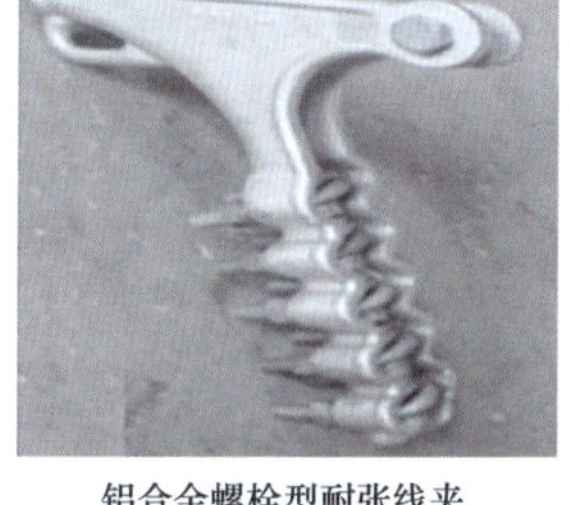

铝合金螺栓型耐张线夹

图 2-45　倒装式螺栓型耐张线夹

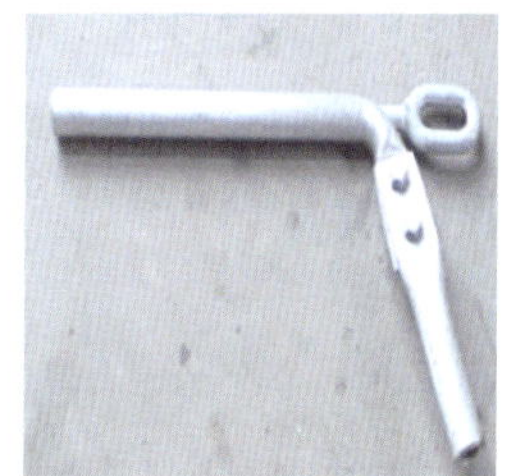

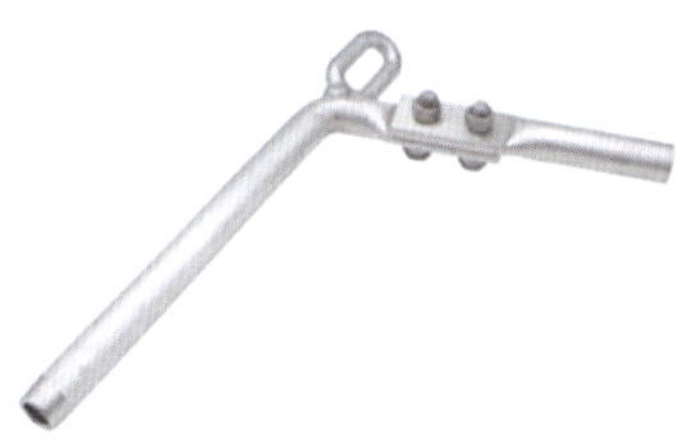

图 2-46　压接型耐张线夹

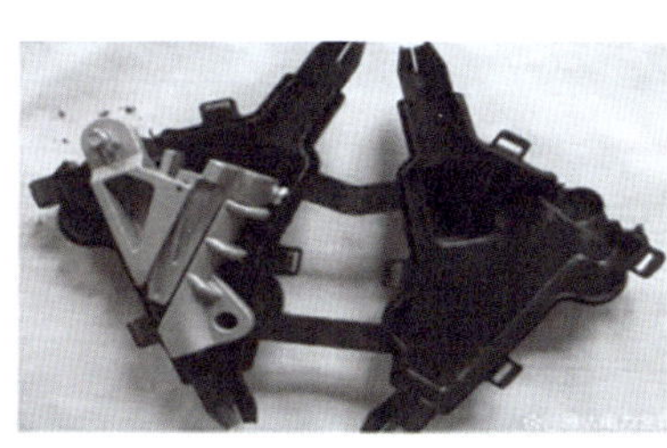

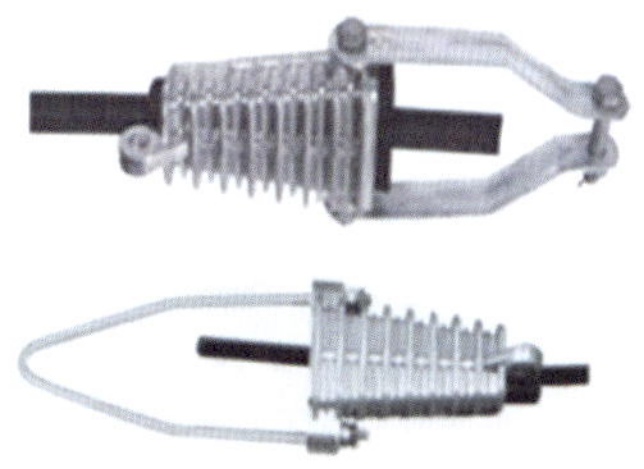

图 2-47　楔型耐张线夹

楔型耐张线夹适用范围：楔型耐张线夹将架空绝缘铝导线或裸铝导线固定在转角或终端杆的绝缘子上，从而将架空导线固定或拉紧，绝缘罩与耐张线夹配套使用，起绝缘防护作用。

紧固金具：主要是指耐张线夹，用在耐张、转角、终端杆塔的绝缘子串上固定导线和避雷线，分为螺栓型、楔型、压接型。

2.6.2 连接金具

1. 连接金具功能

连接金具：将悬式绝缘子组装成串，并将一串或数串绝缘子串连接，悬挂在杆塔横担上，承受机械载荷。连结金具分为专用连接金具和通用连接金具两类。

专用连接金具是直接用来连接绝缘子的，其连接部位的结构尺寸与绝缘子相配合。专用连接金具有：球头挂环、碗头挂板、直角挂环、直角挂板。

通用连接金具用于将绝缘子组成两串、三串或更多串数，并将绝缘子与杆塔横担或与线夹之间相连接，也用来将地线禁锢或悬挂在杆塔上，或将拉线固定在杆塔上等。通用连接金具有：U 形挂环、U 形挂板、直角挂板、平行挂板。

连接金具如图 2–48 所示。

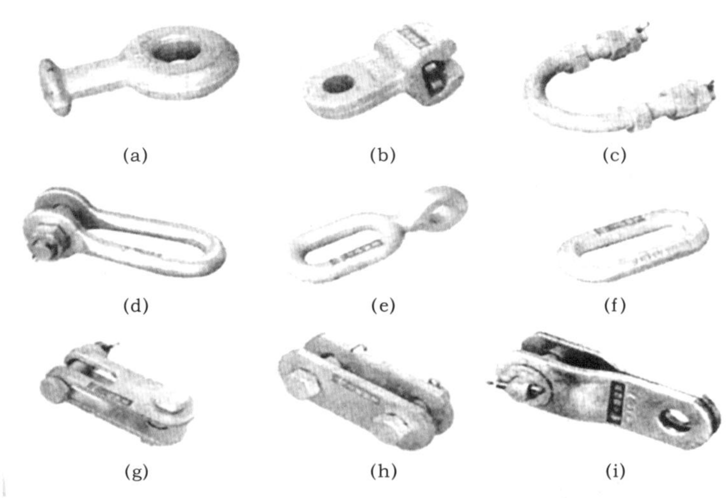

图 2–48　连接金具

（a）球头挂环；（b）碗头挂环；（c）U 形螺栓；（d）U 形挂环；（e）直角挂环；（f）延长环；（g）直角挂板；（h）平行挂板；（i）平行挂板

（1）U 形螺栓。U 形螺栓属于紧固型金具，主要用于将单横担固定在水泥杆塔上端，如图 2–49 所示。

图 2-49　U 形螺栓

（2）球头挂环。球头挂环与直角挂板、碗头挂环、绝缘子连接，如图 2–50 所示。

图 2-50　球头挂环

（3）碗头挂板。碗头挂板与球头挂环、悬垂线夹连接，如图 2–51 所示。

图 2-51　碗头挂板

（4）U 形挂环。U 形挂环是线路上的通用金具，用途较广，可以单独使用，也可以两个串装使用。常作为架空电力线路和变电站连接绝缘子串或钢绞线与杆塔固定时用，连接时采用销钉、眼孔和螺栓连接，如图 2–52 所示。

（5）直角挂环。直角挂环是一种加装保护层的挂环，将悬式绝缘子与悬垂线夹组合成悬垂串，用来悬挂导线或垂直在线路杆塔上；防止金属球头直接与悬式绝缘子产生碰撞，如图 2–53 所示。

图 2-52　U 形挂环

图 2-53　直角挂环

（6）直角挂板。直角挂板与杆塔横担连接和连接球头挂环、碗头挂板，带螺栓销钉。它可以直接与杆塔横担相连，作为绝缘子串的首件，亦可用于连接绝缘子及其他改变连接方向的任何连接，如图 2–54 所示。

图 2-54　直角挂板

（7）平行挂板。单板 PS 平行挂板多用于与楔形线夹配套组装，将楔形线夹固定在杆塔包箍法兰上或与双板平行挂板组装以增加连接长度。双板 PD 平行挂板用于与槽形绝缘子组装、转角搭耐张绝缘子串延长长度及与其他金具连接。平行挂板可以支撑电力设备和输电线路，保证电力设备的稳定运行，如图 2–55 所示。

图 2-55　平行挂板（左：PD 平行挂板；右：PS 平行挂板）

2. 连接金具配置原则

配置原则：球与碗相配；环与环相扣；环与板相扣；板与杆（杆塔横担）相配（见图 2–56）。

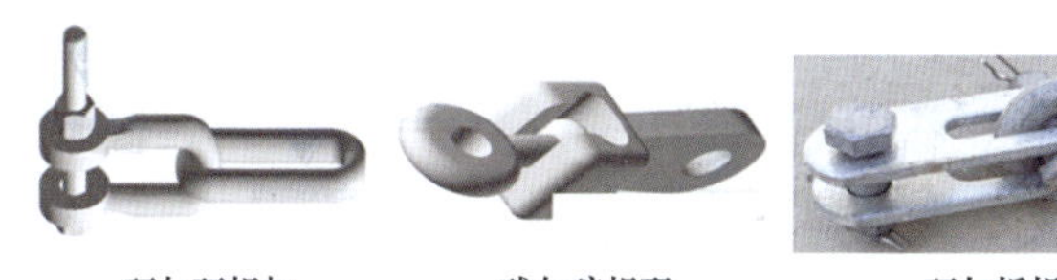

环与环相扣　　球与碗相配　　环与板相扣　　板与杆（电杆横担）相配

图 2-56　连接金具配置原则

与球碗相配的碗（窝）配有锁紧销；板杆、板板结构需要螺栓或销钉才能实现连接。

销钉：用于金具与绝缘子串连接，常常使用销钉，销钉分为 W 形推拉销钉、R 形推拉销钉两种，如图 2-57 所示。

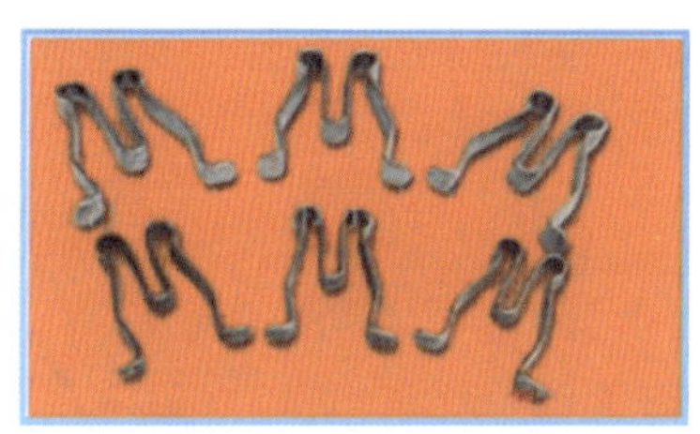

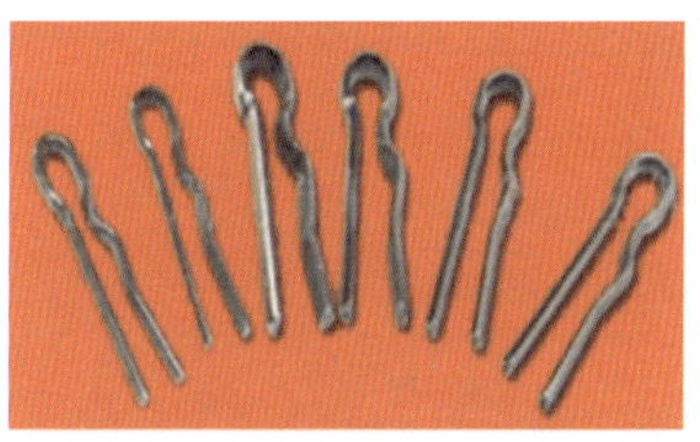

图 2-57　销钉（左：W 形推拉销钉；右：R 形推拉销钉）

悬式绝缘子球窝（碗）结合部使用 W 形推拉销钉固定连接，不需螺栓，如图 2-58 所示。

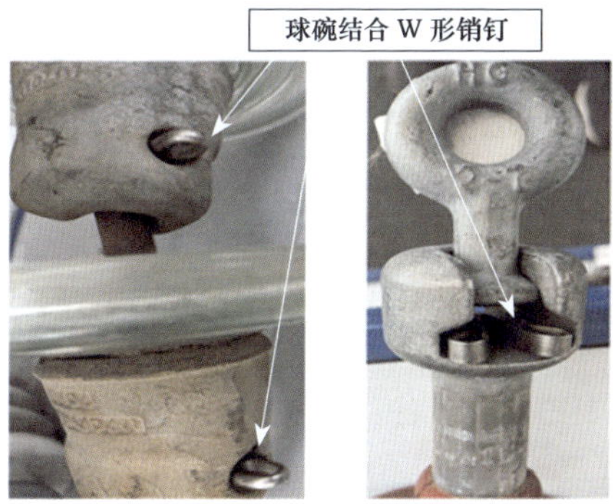

图 2-58　球碗结合 W 形销钉

R 形推拉销用于挂板、挂环螺栓上，防止螺母脱落，如图 2-59 所示。

连接金具在耐张串上应用举例如图 2-60 所示。

3. 架空线路耐张串装置结构

（1）盘形悬式绝缘子耐张串（见图 2-61）

（2）改型悬式绝缘子耐张串（见图 2-62）。

图 2-59　板板结合 R 形销钉

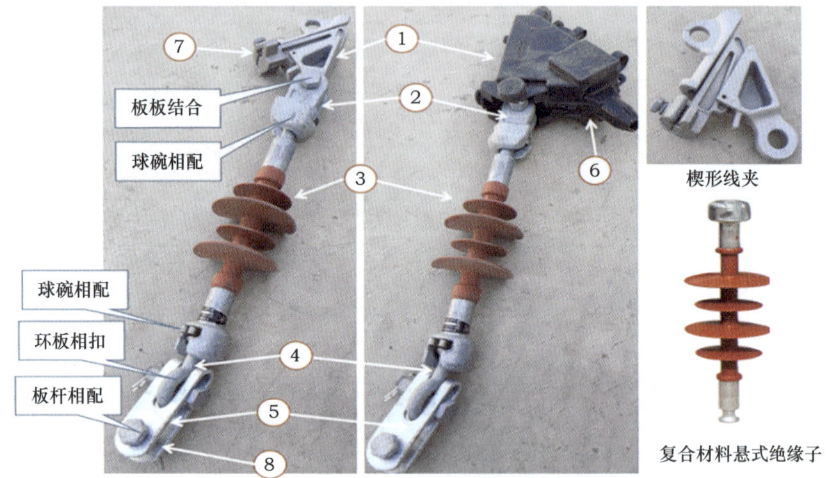

图 2-60　连接金具应用举例

1—楔形耐张线夹；2—碗形挂板；3—复合材料悬式绝缘子；4—球形挂环；5—直角挂板；6—绝缘保护罩；7—导线紧固槽；8—横担（杆塔）连接螺栓

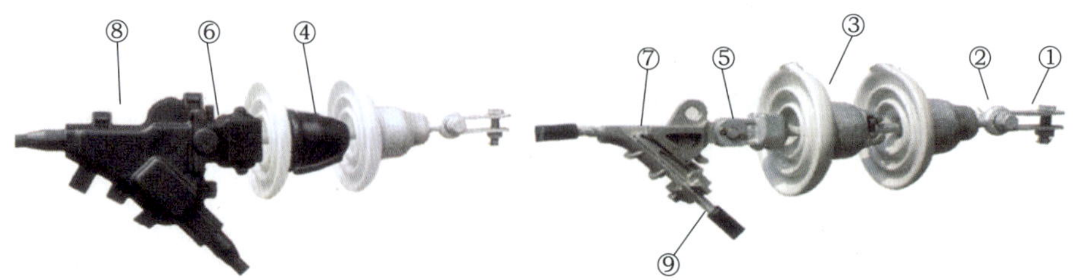

图 2-61　盘形悬式绝缘子耐张串

1—直角挂板；2—球头挂环；3—盘形悬式绝缘子；4—盘形悬式绝缘子绝缘罩；5—双联碗头挂板；6—碗头挂板绝缘罩；7—楔形耐张线夹；8—楔形耐张线夹绝缘罩；9—自黏性绝缘带

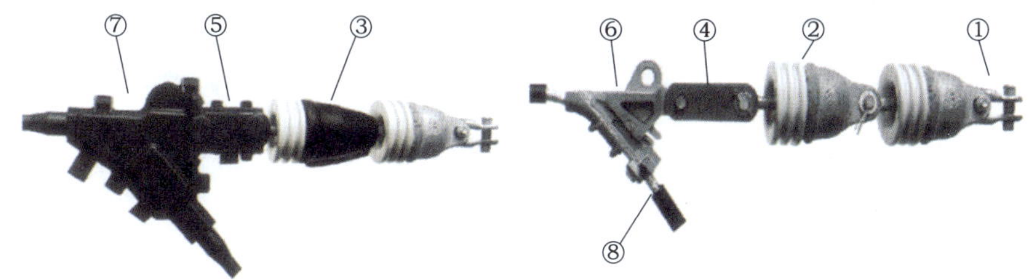

图 2-62　改型悬式绝缘子耐张串

1—U 形挂环；2—改型悬式绝缘子；3—盘形悬式绝缘子绝缘罩；4—平行挂板；5—平行挂板绝缘罩；6—楔形耐张线夹；7—楔形耐张线夹绝缘罩；8—自黏性绝缘带

（3）双铁头瓷拉棒耐张串（见图 2-63）。

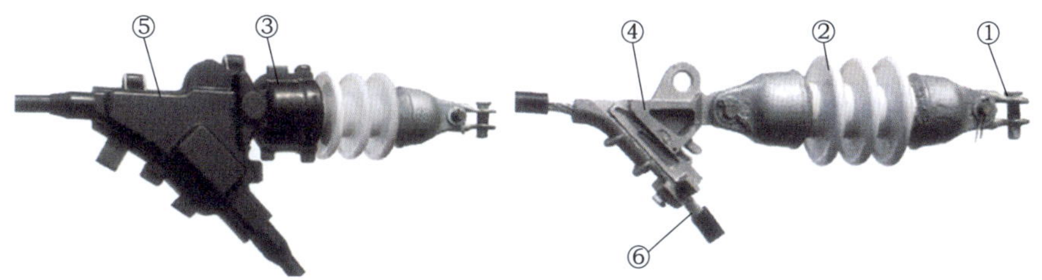

图 2-63　双铁头瓷拉棒耐张串

1—U 形挂环；2—双铁头瓷拉棒；3—双铁头瓷拉棒绝缘罩；4—楔形耐张线夹；5—楔形耐张线夹绝缘罩；6—自黏性绝缘带

（4）复合绝缘子耐张串（见图 2-64）。

（5）高原型复合绝缘子耐张串（见图 2-65）。

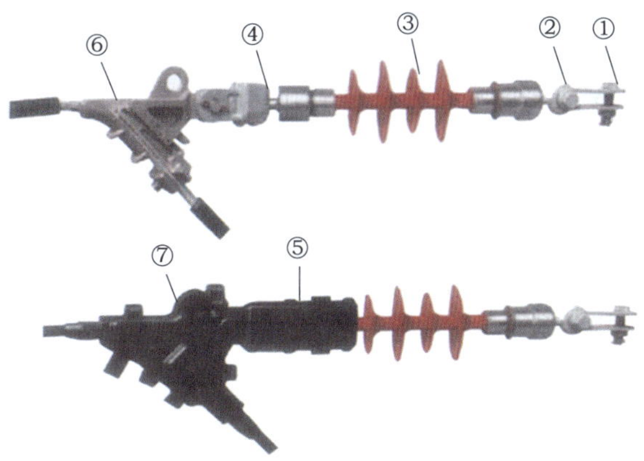

图 2-64　复合绝缘子耐张串

1—直角挂板；2—球头挂环；3—复合绝缘子；4—双联碗头挂板；5—碗头挂板绝缘罩；6—楔形耐张线夹；7—楔形耐张线夹绝缘罩

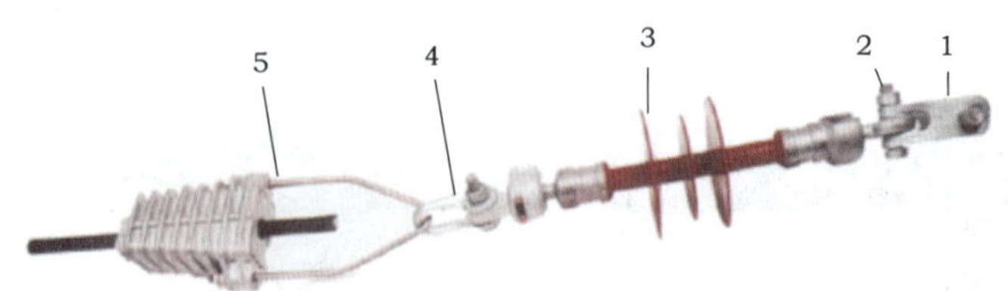

图 2-65　高原型复合绝缘子耐张串

1—直角挂板；2—球头挂环；3—复合绝缘子；4—U 形挂环；5—楔形耐张线夹

2.6.3　接续金具

接续金具是指用于两根导线之间的接续，并能满足导线所具有的机械及电气性能要求的金具，分为承力型接续金具和非承力型接续金具两种。输电线路的架空线需用接续金具来连接。对于导线，接续金具不但要接续好电流通路，而且还要承担导线的张力。

导线通过直线管的连接、导线和耐张线夹的连接，以及导线和跳线连接管的连接等，均称为导线、地线的连接，此外，导线损伤、修补（没有断开）所进行的连接处理，也称为导线的连接。

接续金具主要分为承力接续、非承力接续两种。

承力型接续金具有钳压、液压和爆压三种形式的压接管（见图 2-66），即有液压管、爆压管、钳压管。

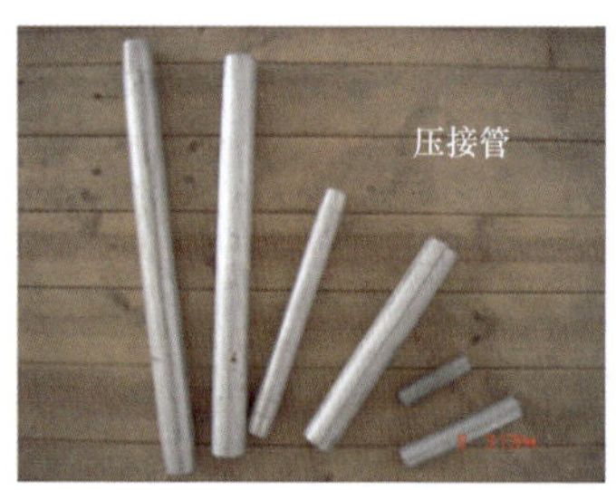

图 2-66　压接管

如图 2-67 所示，钳压接续属于搭接接续的一种，将导线端头搭接在薄壁的椭圆形管内，以液压钳或机动钳进行钳压。

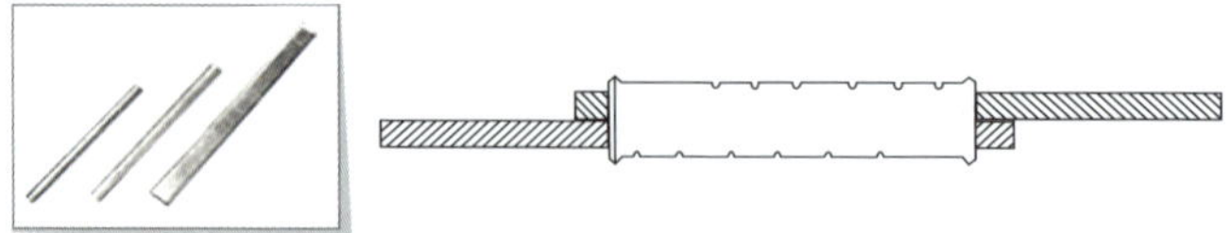

图 2-67　钳压式接续管

非承力型接续金具用在不带张力的导线上仅起接通电流作用的金具，如耐张型杆塔上跳线连接用的跳线线夹（见图 2-68）、C 形线夹和并沟线夹等。

如图 2-69 所示，C 形线夹和并沟线夹用于非张力位置上 T 接（分支）接续、并线续流连接、跳线连接，属非承力连接金具。C 形线夹和并沟线夹在具体使用上都没什么区别，只是外型不同，从坚固的程度来说，C 形线夹比并沟线夹好。

图 2-68 耐张杆跳线并沟线夹

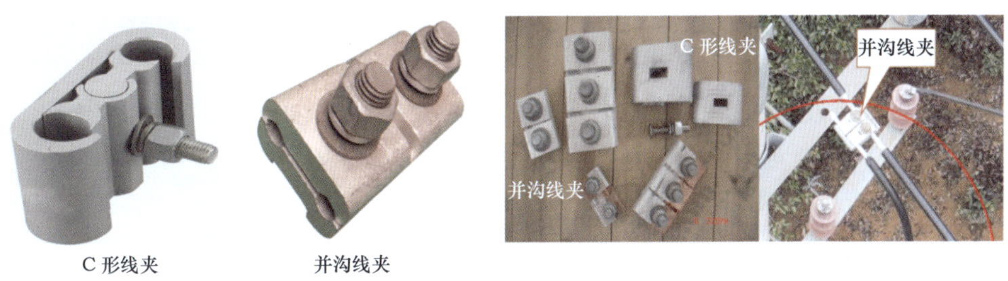

图 2-69 C 形线夹和并沟线夹

图 2-70 为导线接线端子，是一种与设备连接的线夹。

2.6.4 拉线金具

拉线金具作用主要是固定拉线杆塔，包括从杆塔顶端引至地面拉线之间所有的零件。图 2-71 为几种常用的拉线金具，有钢丝卡子、楔形线夹（俗称上把）UT 线夹（俗称下把）、拉线用 U 形挂环、拉线抱箍等。

拉线金具的作用为：拉线的连接、拉线的紧固、拉线的调节。

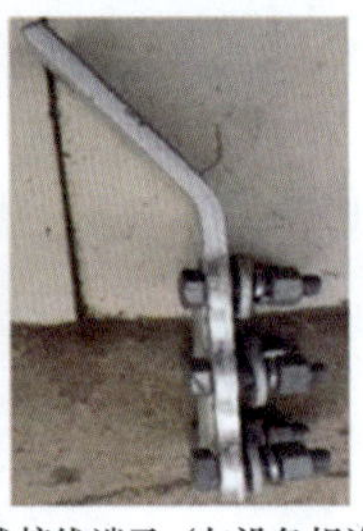

导线接线端子（与设备相连）

图 2-70　导线接线端子

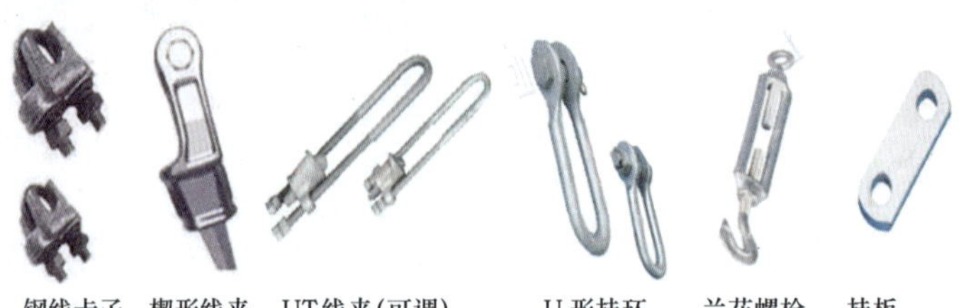

图 2-71　拉线金具

2.6.5　防雷金具

防雷金具是为防止 10kV 架空绝缘导线雷击断线而开发的产品。其原理为：将该金具安装在线路绝缘子附近的绝缘导线上，当雷电过电压超过一定数值时，在防雷金具的穿刺电极和接地电极之间引起闪络，形成短路通道，接续的工频电弧便在防雷金具上燃烧，以保护导线免于烧伤断线。

1. 防雷金具的构成及安装

如图 2-72 所示，防雷金具主要由绝缘护罩、线夹座、压块、压紧螺母、引弧球和接地板等组成。

线夹座的底部是球形结构的引弧金属球。当雷电发生时，引弧金属球和接地板之间放电，使续流工频电弧移动到引弧金属球上烧灼，从而保护绝缘导线不受损伤。

绝缘护罩采用有机复合材料制成，具有良好的绝缘性能、抗老化性能和阻燃性能，把其装配在线夹座的外部，可起到绝缘保护作用。穿刺线夹一般配备绝缘罩。

2. 防弧线夹

防弧线夹主要安装在线路绝缘子的负荷侧，具有防止 10kV 架空绝缘导线雷击断线功能。分为剥皮型的非穿刺式防弧线夹和穿刺式防弧线夹。

防弧线夹主要由绝缘护罩、压紧螺母、穿刺压块、线夹座、引弧棒和绝缘套管等组成。

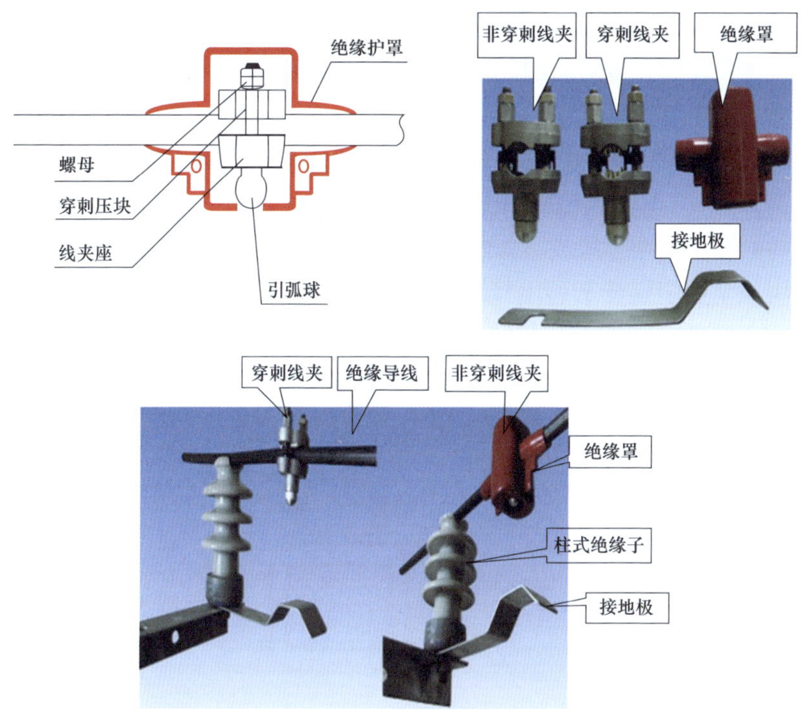

图 2-72　防雷金具

引弧棒和线夹座装配连接成一体，当雷击发生时，引弧棒和绝缘子（或横担）金属件之间放电，使续流工频电弧移动到引弧棒上烧灼，从而保护绝缘导线不受损伤，如图 2-73 所示。

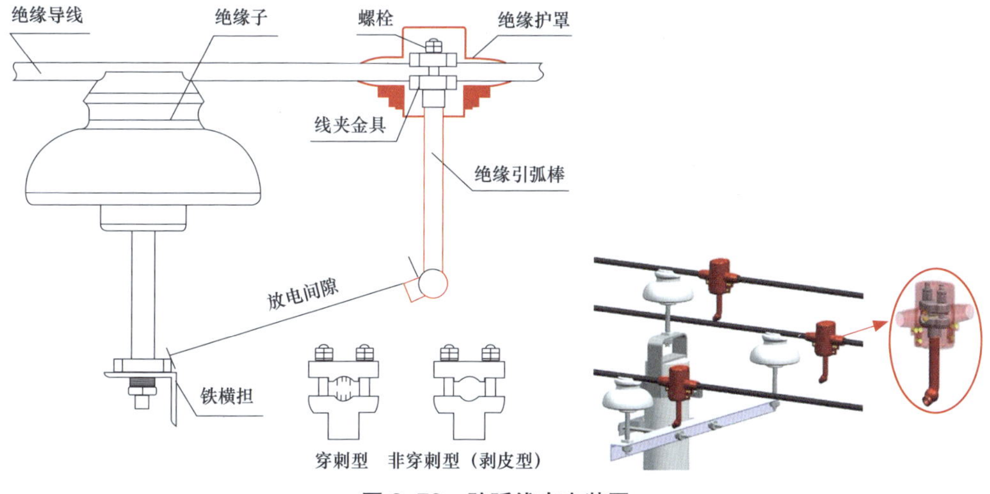

图 2-73　防弧线夹安装图

绝缘护罩采用有机复合材料制成，具有良好的绝缘性能、抗老化性能和阻燃性能，把其装配在线夹座的外部，可起到绝缘保护作用。

3. 防雷验电接地环

防雷验电接地环作为线路检修接地并防止雷击断线的用途。

新型二合一结构的防雷验电接地环，主要由绝缘护罩、压紧螺母、压块、线夹座和绝缘多用环等组成，如图 2–74 所示。

多用环是把引弧棒和验电接地环合二为一的零件。当雷击发生时，引弧棒和绝缘子金属件之间放电，使续流工频电弧移动到引弧棒上烧灼，从而保护绝缘导线不受损伤。当检修施工时，可用于验电及临时接地装置。

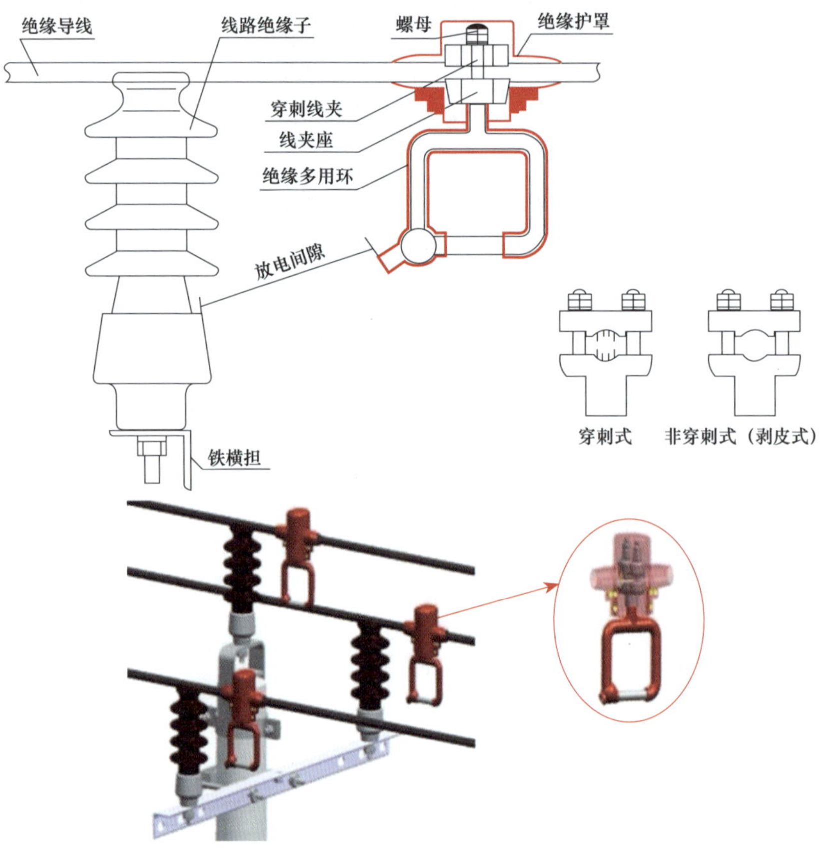

图 2–74　防雷验电接地环

4. 防雷支柱绝缘子

防雷支柱绝缘子是新型组合式结构的二合一产品，采取先堵塞后疏通设计理念，增强了绝缘性能和防污秽水平，适用于架空线路的绝缘支撑，而且还具有防止架空绝缘导线雷击断线、瓷绝缘子炸毁及减少雷击跳闸的保护功能。按

照材料划分，防雷支柱绝缘子有复合材料防雷针式绝缘子和瓷柱式防雷绝缘子两种（见图 2–75）。

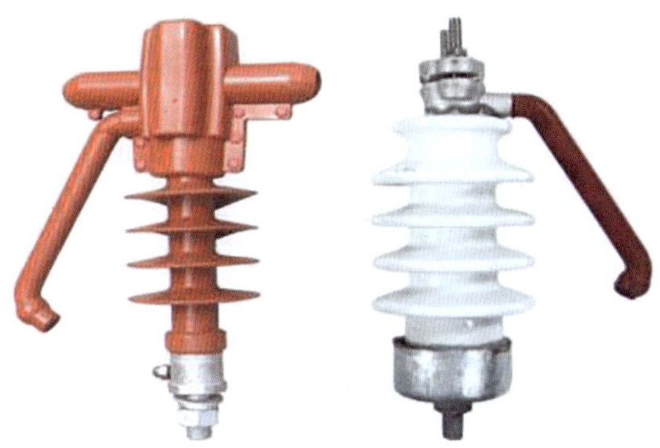

图 2–75　防雷支柱绝缘子（左：复合材料防雷针式绝缘子；右：瓷柱式防雷绝缘子）

防雷支柱绝缘子原理为：当雷电过电压超过引弧棒和钢脚间隙的绝缘水平一定数值时，在防雷支柱的引弧棒和钢脚之间引起闪络放电，形成短路通道，接续的工频电弧便在放电间隙处燃烧，以保护导线免于烧伤，如图 2–76 所示。

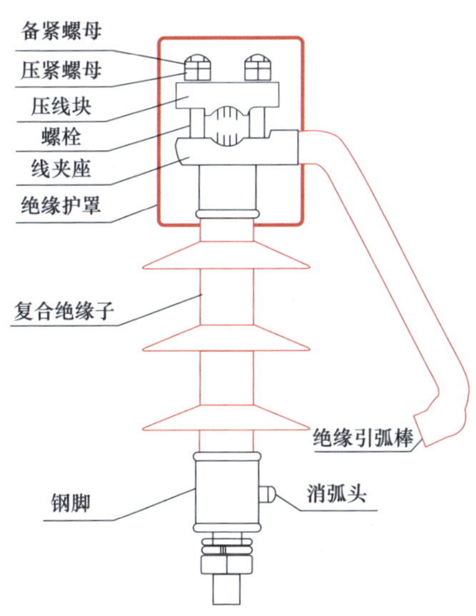

图 2–76　防雷支柱绝缘子

2.7　配电线路杆塔基础

架空配电线路杆塔基础是对杆塔地下（除接地装置外）设备的总称，主要分电杆基础、钢管杆基础、窄基角钢塔基础。

基础的作用主要是防止架空配电线路杆塔因承受垂直荷重、水平荷重及事故荷重等所产生的上拔、下压甚至倾倒等。

（1）电杆基础主要由底盘、卡盘和拉线盘等组成。如图 2-77 所示，底盘放在最下面支撑电杆，用于承受由杆体传下的下压力，防止底下泥土太松，电杆下沉。

图 2-77　底盘

如图 2-78 所示，卡盘是抱住电杆的，增加周围泥土对电杆的挤压面积，保证电杆垂直，是增加电杆抗倾覆能力的。

图 2-78　卡盘

（2）钢管杆基础（见图 2-79）主要采用台阶基础、孔桩基础及钢管桩等。

（3）如图 2-80 所示，窄基角钢塔基础主要采用有台阶窄基塔深基础或浅基础、无台阶窄基塔深基础或浅基础。

图 2-79　钢管杆基础（左：孔桩基础；右：台阶式基础）

图 2-80　窄基角钢塔基础

2.8　配电线路拉线

拉线的作用是平衡杆塔承受的水平风力和导线、地线的张力，防止电杆弯曲或倾倒。因此，在承力杆（终端杆、转角杆、分支杆）上，均需装设拉线。为了防止电杆被强大的风力刮倒或冰凌荷载的破坏影响，或在土质松软的地区为增强线路电杆的稳定性，有时也在直线杆上每隔一定距离装设防风拉线（两侧拉线）或四方拉线。拉线基本结构如图 2-81 所示。

杆塔使用拉线可以减少杆塔的材料消耗量，降低杆塔的造价。

拉线由拉线抱箍、拉线挂环、楔形线夹、钢绞线、UT 线夹、拉线棒、拉盘 U 形螺栓、拉盘组成。

如图 2-82 所示，拉线的上端固定于电杆的拉线抱箍处，下端与拉线棒连接。上端采用楔形线夹固定，称为“上把”；下端采用 UT 线夹固定，称为“下把”。有些拉线为防止其与导线接触，在拉线中部增设拉线绝缘子。与拉线绝缘子连接处多采用缠绕绑扎法或钢线卡子固定，称为“中把”。

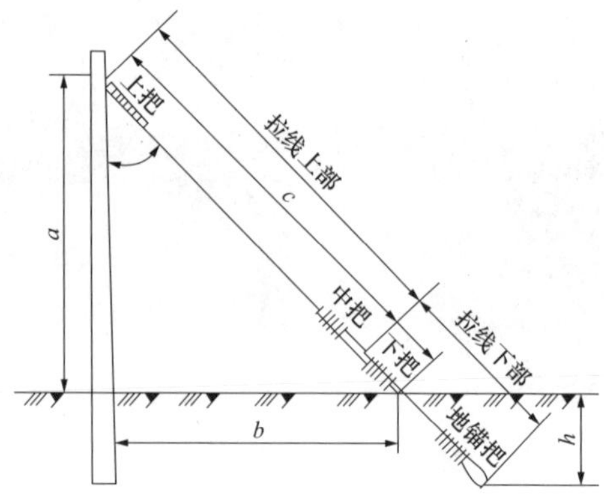

图 2-81　拉线基本结构

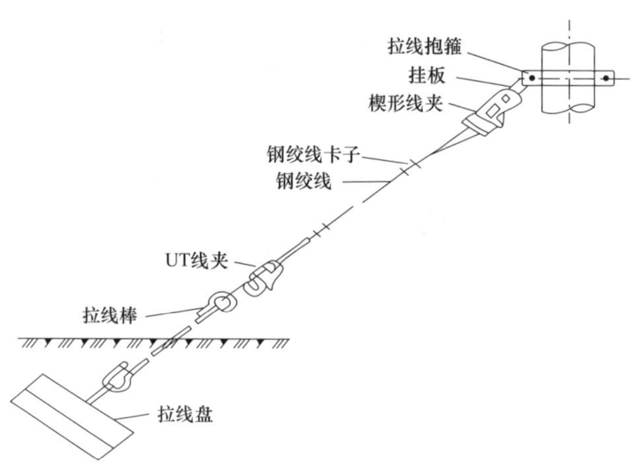

图 2-82　拉线系统

根据不同的作用，拉线可分为张力拉线和风力拉线两种。下面介绍配网中几种常用类型。

1. 普通拉线

普通拉线（见图 2-83）用于线路的终端杆塔、小角度的转角杆塔、耐张杆塔等处，主要起平衡张力的作用。普通拉线一般和电杆成 45°，如果受地形限制时，不应小于 30°、大于 60°。

2. 人字拉线（两侧拉线）

人字拉线（见图 2-84）又称两侧拉线，装设在直线杆塔垂直线路方向的两侧，用于增强杆塔抗风或稳定性。

3. 四方拉线

四方拉线（见图 2-85）又叫十字拉线，在垂直线路方向杆塔的两侧和顺线路方向杆塔的两侧均装设拉线，用于增加耐张杆塔、土质松软地区杆塔的稳定

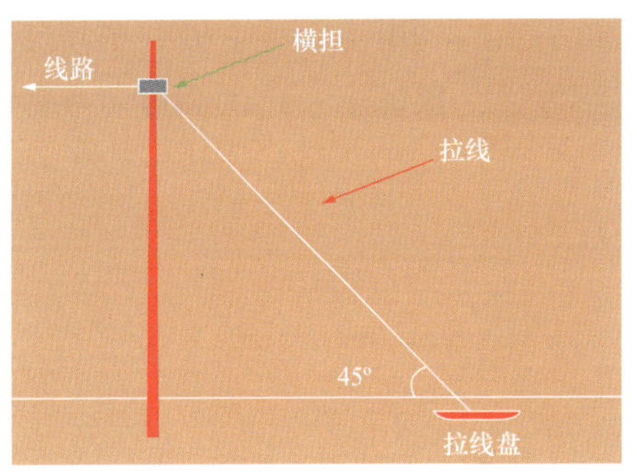

图 2-83　普通拉线

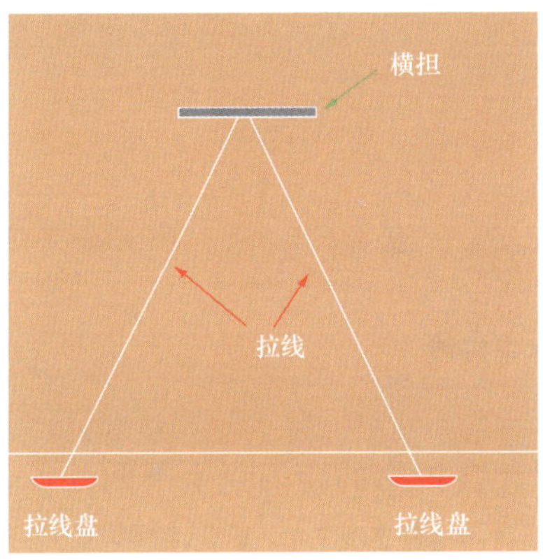

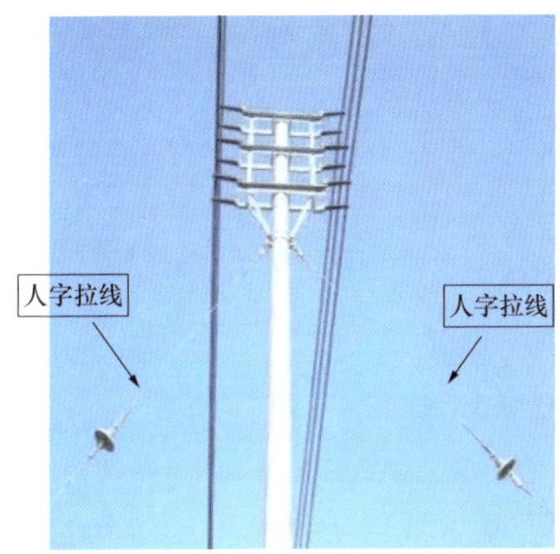

图 2-84　人字拉线

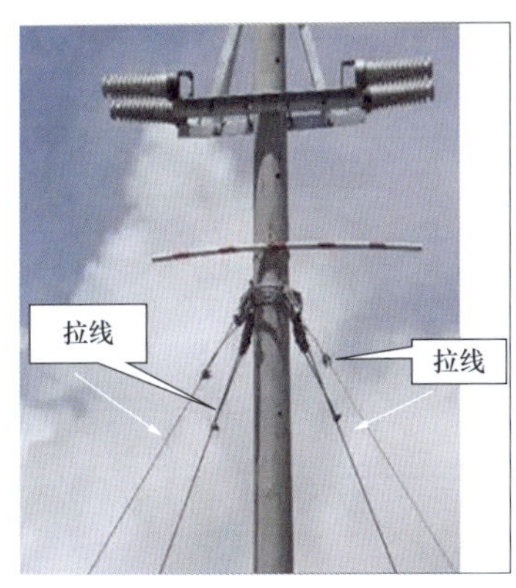

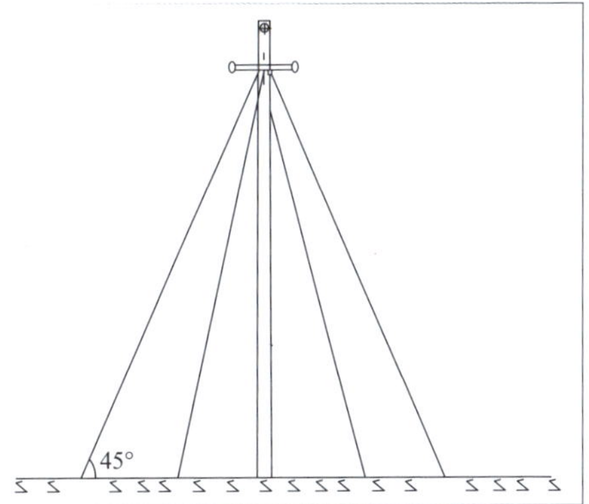

图 2-85　四方拉线

性或增强杆塔抗风性及防止导线断线而缩小事故范围。

4. 水平拉线

水平拉线（见图 2-86）又称过道拉线，也称高桩拉线，在不能直接做普通拉线的地方如跨越道路等，可作过道拉线。做法是在道路的另一侧或不妨碍人行道旁立一根拉线桩，拉线桩的倾斜角为 10°～20°，在桩上做一条拉线埋入地下，拉线在电杆和拉线桩中间跨越道路等处，保证了一定的高度（一般不低于 6m）不会妨碍车辆的通行。

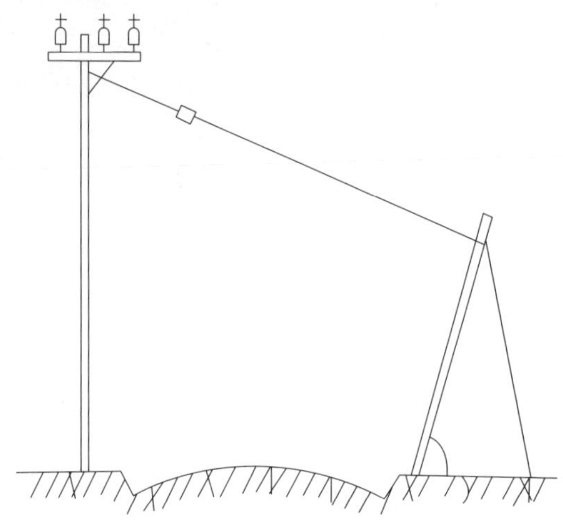

图 2-86　水平拉线

5.V 形拉线

当电杆高、横担多、架设导线较多时，在拉力的合力点上下两处各安装一条拉线，其下部合为一条，构成 V 形拉线（见图 2-87）。V 形拉线又称为 Y 形拉线，分为垂直 V 形和水平 V 形两种。

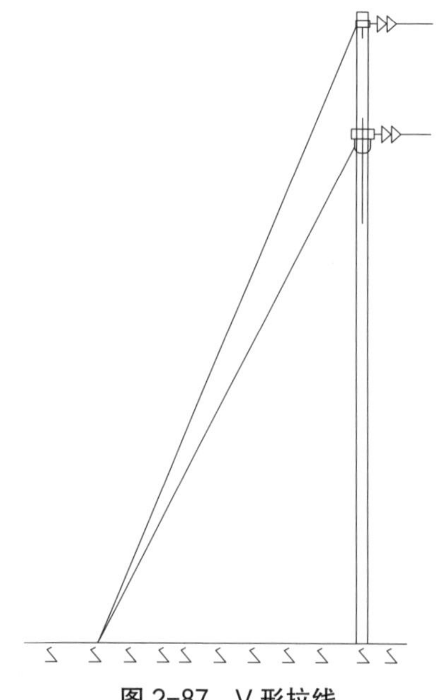

图 2-87　V 形拉线

6. 弓形拉线

弓形拉线（见图 2-88）又称自身拉线，为防止杆塔弯曲、平衡导线不平衡张力而又因地形限制不安装普通拉线时。

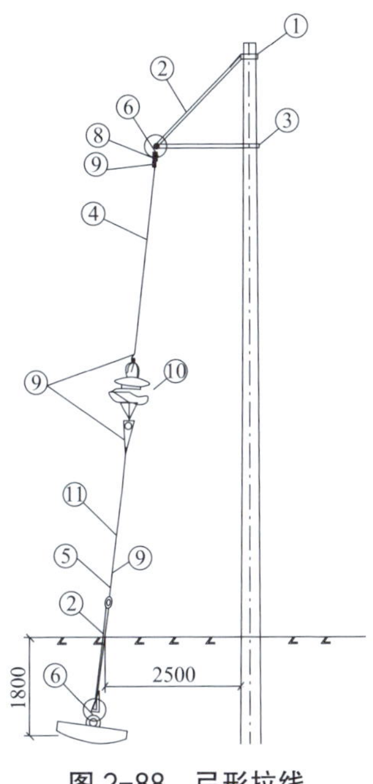

图 2-88　弓形拉线

2.9　户外电缆终端

10kV 户外电缆终端用途之一是衔接下地电缆线路与架空线路，如图 2-89 所示。

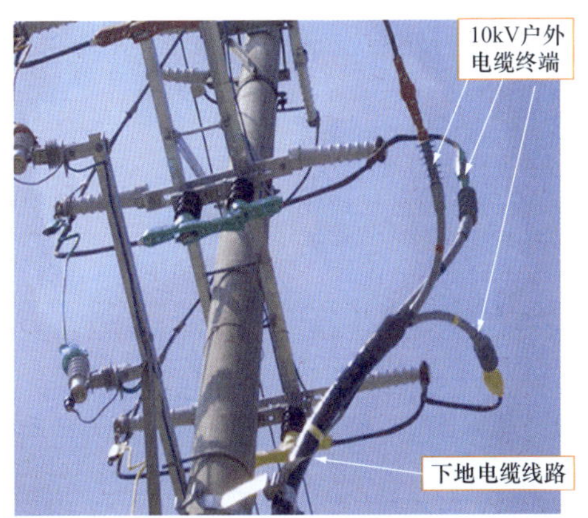

图 2-89　10kV 户外电缆终端（架空线路转地下电缆线路）

户外电缆终端结构如图 2-90 所示。

根据现场运行情况每 1 ~ 3 年停电检查一次，室外电缆终端头每月巡视一次。外观主要检查：绝缘套管应完整、清洁、无闪络放电痕迹，附近无鸟巢。

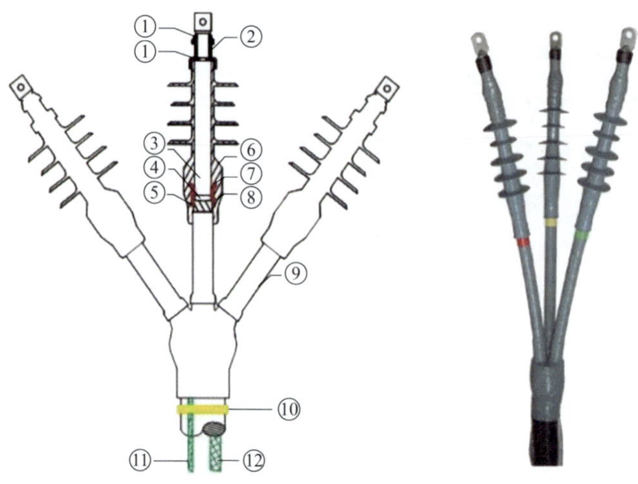

图 2-90　户外电缆终端结构图

第 3 章　配电网架空线路设备部件

本章介绍常见的配电架空线路及杆塔上的设备，是不具备配电架空线路相关知识的标图人员及 AI 算法人员学习的重要内容。通过本章学习掌握配电架空线路上常用设备的外观结构和特征，基本了解这些设备的用途，为后续识别这些设备上的缺陷打好基础。

3.1　配变变压器

配电变压器，简称配变，指配电系统中根据电磁感应定律变换交流电压和电流而传输交流电能的一种静止电器。有些地区将 35kV 以下（大多数是 10kV 及以下）电压等级的电力变压器，称为配电变压器。配电变压器一般分三相变压器与单相变压器。安装配变的场所与地方，既是变电站，也有柱上安装或露天落地安装。这里主要关注柱上配变。

3.1.1　三相配电变压器外观结构

如图 3-1 所示，三相配电变压器外部部件主要有高压接线柱、低压接线柱、油位杆、铭牌、箱体、散热片等部分。

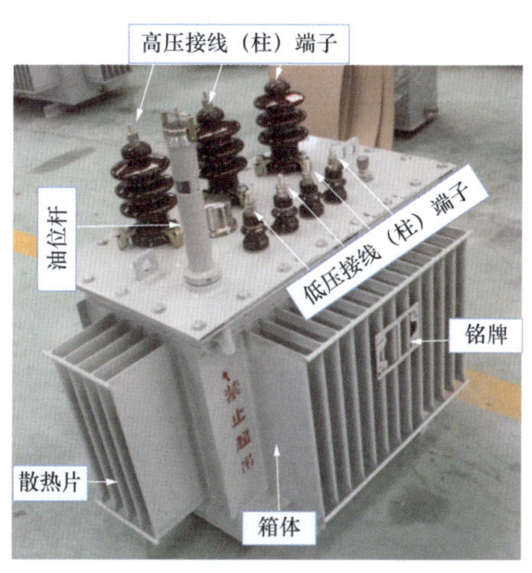

图 3-1　三相配电变压器外部部件

与三相配电变压器对应的还有单相变压器，如图 3–2 所示。

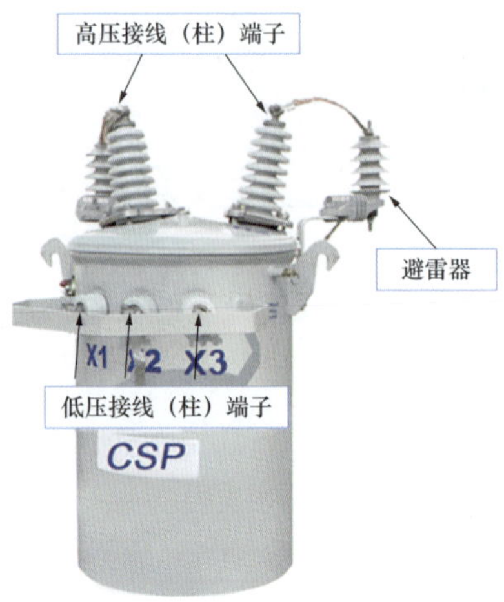

图 3–2　单相变压器外部部件

3.1.2　柱上安装配电台架成套设备

10kV 柱上变压器台成套设备（见图 3–3）是一种以变压器为核心设备，将低压综合配电箱（JP 柜）、跌落式熔断器、避雷器、铁附件、金具、高低压电线电缆等附件集成在同一套组合设备的新型电气成套设备，具有结构紧凑、布局合理、方便施工的特点，广泛使用在城乡 10kV/0.4kV 配电网络中。

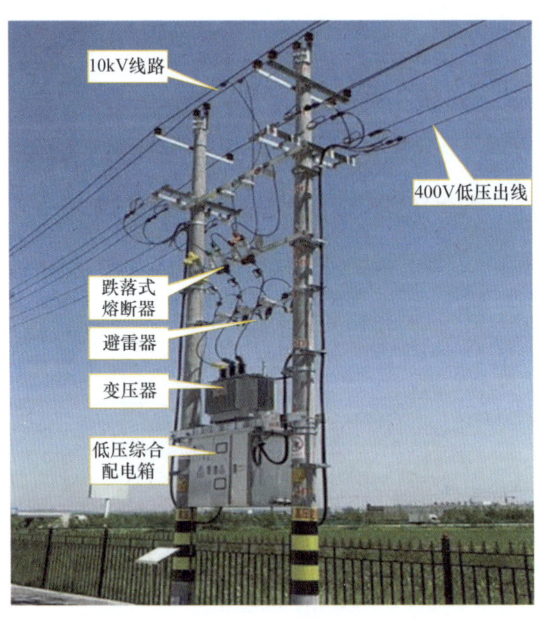

图 3–3　10kV 柱上变压器台成套设备

3.2 10kV 线路调压器

将调压器安装在 10kV 线路中，在一定范围内对线路电压进行调整，保证用户的供电电压，减少线路的线损；10kV 线路调压器（以下简称调压器）是一种可以自动调节变比来保证输出电压稳定的装置，如图 3–4 所示。其可以在额定电压 20% 的范围内对输入电压进行自动调节。在线路中端或者是末端安装调压器可以使整个线路的电压质量得到保证。

图 3–4 10kV 线路自动调压器

调压器也是一种变压器，外形与柱上配电变压器相似，但是它的进线和出线都是 10kV 电压等级的三相线路。

3.3 配电网无功补偿设备

在配电网上进行无功补偿可以改善配电网的无功分布，提高电网的功率因数，改善电压质量，避免长距离输送无功功率，降低配电网线损，增大配电网供电能力，补偿方式一般采用并联补偿。无功补偿的方式一般按就地平衡的原则，采用分散补偿和集中补偿两种形式。图 3–5 所示为 10kV 线路自动无功补偿装置。

并联电容补偿装置：10 kV 配电线路分散补偿，是指把一定容量的高压并联电容器分散安装在供电距离远、负荷重、功率因数低的 10kV 架空线路上，

图 3-5 自动无功补偿设备

主要补偿线路上感性电抗所消耗的无功功率和配电变压器励磁无功功率损耗，还可提高线路末端电压，如图 3-6 所示。

图 3-6 并联补偿电容器

3.4 配电线路避雷器

避雷器是一种能释放过电压能量限制过电压幅值的保护设备。避雷器应装在被保护设备近旁，跨接于其端子之间。过电压由线路传到避雷器，当其值达到避雷器动作电压时避雷器动作，将过电压限制到某一定水平（称为保护水

平）。之后，避雷器又迅速恢复截止状态，电力系统恢复正常状态。

配电线路避雷器有多种品种和型号。从安装方式区分主要有固定式金属氧化锌避雷器、可拆卸式（跌落式）氧化锌避雷器，如图 3-7 所示。

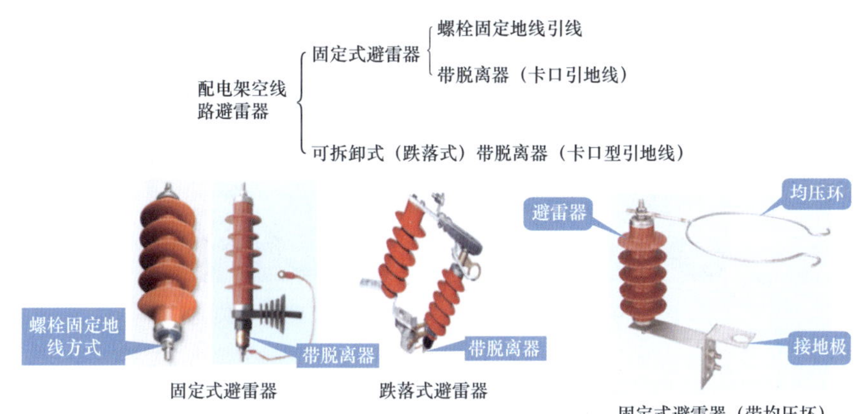

图 3-7　配电架空线路避雷器

避雷器的安装部位有线路（见图 3-8）、柱上断路器（见图 3-9）、变压器（见图 3-10）、电缆头等位置。

图 3-8　跌落式避雷器安装在线路上

图 3-9　固定式避雷器安装在柱上断路器台架上

图 3-10　跌落式避雷器安装在变压器台架上

3.5　柱上隔离开关

柱上隔离开关，又称隔离刀闸（见图 3-11），是一种没有灭弧装置的控制电器，其主要功能是隔离电源，以保证其他电气设备的安全检修，因此不允许带负荷操作。隔离开关可作为电缆线路与架空线路的分界开关，还可安装在线路联络负荷开关一侧或两侧，以方便故障查找、可用于线路设备的停电检修、故障查找、电缆试验等，拉开柱上隔离开关可使需要检修的设备与其他正在运行的线路隔离，使工作人员有可以看见的明显的断开标志，保证检修或试验工作的安全。

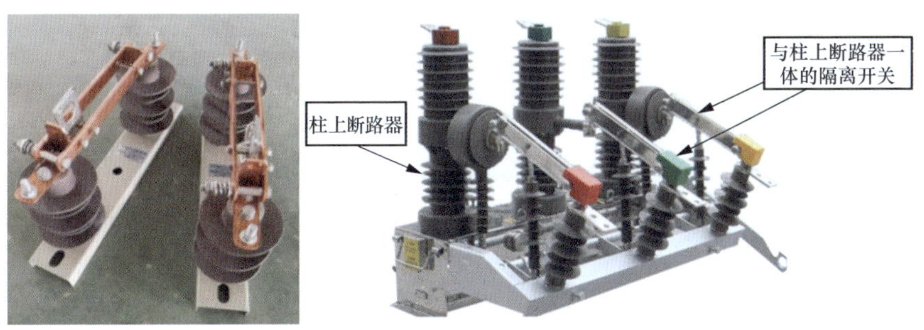

图 3-11　隔离开关（隔离刀闸）

隔离开关安装部位：变压器台变架、线路耐张杆上（见图 3-12）、联络开关两侧、架空线路与电缆线路分界点（见图 3-13）、用户负荷开关分界点。

图 3-12　隔离开关安装在耐张杆上（两个耐张段明显分界点）

图 3-13　隔离开关安装在电缆分支线路分界（电缆头接口）

3.6 柱上负荷开关

负荷开关是介于隔离开关和断路器之间的一种开关电器，它不能切断短路电流，主要用于线路的分段和故障隔离。负荷开关主要有产式负荷开关、真空、SF_6 负荷开关。真空、SF_6（六氟化硫）负荷开关与真空、SF_6 断路器外形、参数相似，为外型三相共箱式，如图 3–14 所示。

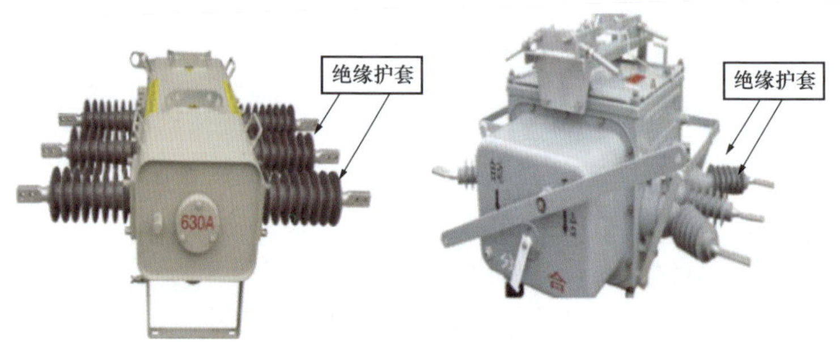

图 3–14 负荷开关［左：SF_6（六氟化硫）负荷开关；右：真空负荷开关］

图 3–15 为柱上负荷开关安装图。

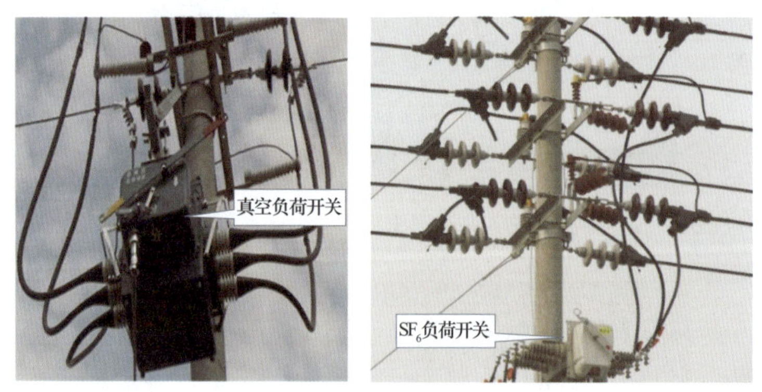

图 3–15 柱上负荷开关安装图

3.7 柱上断路器

柱上断路器是指在电杆上安装和操作的断路器，它是一种可以在正常情况下切断或接通线路，并在线路发生短路故障时通过操作或继电保护装置的作用，将故障线路手动或自动切换的开关设备。断路器与负荷开关的主要区别在于断路器可用来开断短路电流。柱上断路器主要用于配电线路区间分段投切、控制、保护，能开断、关合短路电流。图 3–16 为断路器结构示意图。

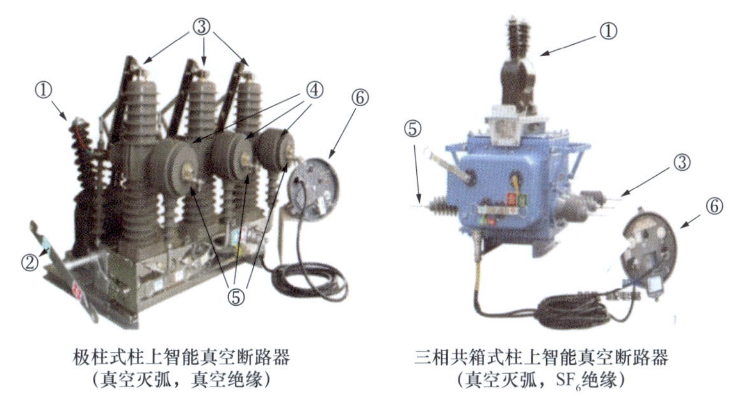

图 3-16　断路器结构

1—电压互感器；2—操作机构；3—进线接线柱；4—电流互感器；5—出线接线柱；6—馈线自动化 FTU

柱上断路器按其所采用的灭弧介质，可分为油断路器（基本淘汰）、六氟化硫（SF_6）断路器、真空断路器。

现在配电线路中断路器主要采用户外交流高压智能真空断路器（见图 3-17），智能真空断路器具备故障检测功能、保护控制功能和通信功能。一般安装在 10kV 架空线路责任分界点，可实现自动切除单相接地和自动隔离短路故障，是配电线路改造和配网自动化建设的理想产品。

图 3-17　智能柱上断路器

现在柱上智能断路器（一、二次融合断路器）都是成套安装设备。有这些组合：柱上断路器 + 电压互感器 +FTU；柱上断路器 + 隔离开关 + 电压互感器（或综合互感器 TV、TA）+FTU；一、二次深度融合柱上断路器（内置电子式 TV、TA 互感器）+ 隔离开关 +FTU。

3.8 跌落式熔断器

跌落式熔断器俗称领克。跌落式熔断器是 10kV 配电线路分支线和配电变压器最常用的一种短路保护开关，它具有经济、操作方便、适应户外环境性强等特点，被广泛应用于 10kV 配电线路和配电变压器一次侧作为保护和进行设备投、切操作之用。

跌落式熔断器的组成主要有绝缘体、下支撑座、下动触头、下静触头、安装板、上静触头、上动触头、熔丝管等，如图 3-18 所示。

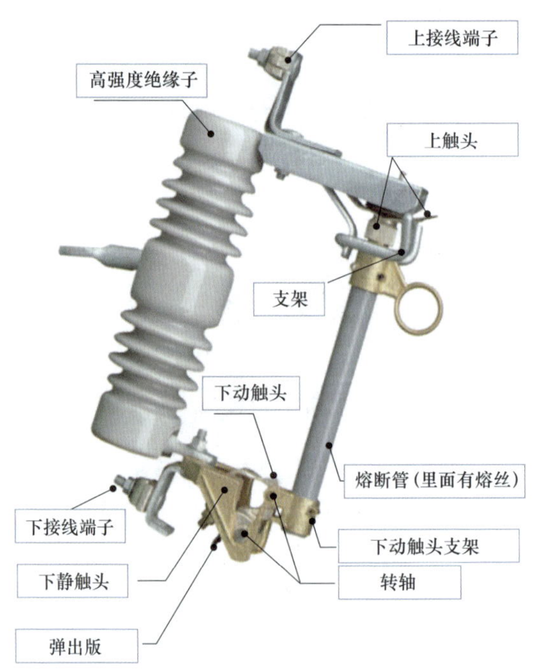

图 3-18　熔断器结构图

跌落式熔断器一般安装在变压器台架上（见图 3-19）、耐张分段线路（见图 3-20）、分支线路（架空线路与电缆线路接口）处。

图 3-19　跌落式熔断器安装在变压器台架上（变压器进线端）

图 3-20　跌落式熔断器安装于耐张分段线路

3.9　电压互感器

电压互感器（见图 3-21）和变压器类似，是用来变换线路上的电压的仪器。10kV 线路上的电压互感器主要用作测量仪表，为继电保护装置供电，用来测量线路的电压、功率和电能，为配电自动化设备采集数据、为馈线自动化装置 FTU 提供电源，所以互感器都与断路器、负荷开关、高压计量、自动化装置配套使用，如图 3-22 所示。

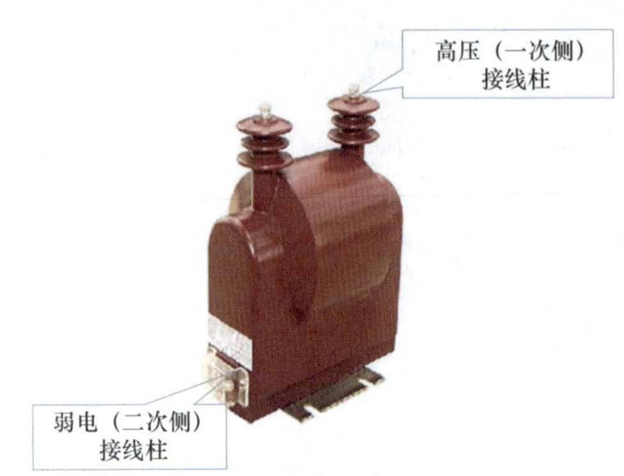

图 3-21 互感器［左：10kV 柱上电压互感器；右：10kV 组合式互感器（电流、电压互感器）］

图 3-22 电压互感器安装场景

3.10 户外高压计量器

户外高压计量器可供农村排灌站、乡镇企业、加工厂、中小型工厂、矿区、交通运输等各种企、事业单位以及林业、基建工地暂设供电站的高压输电线路的电能计量用，图 3-23 为高压计量箱及其安装示意图。

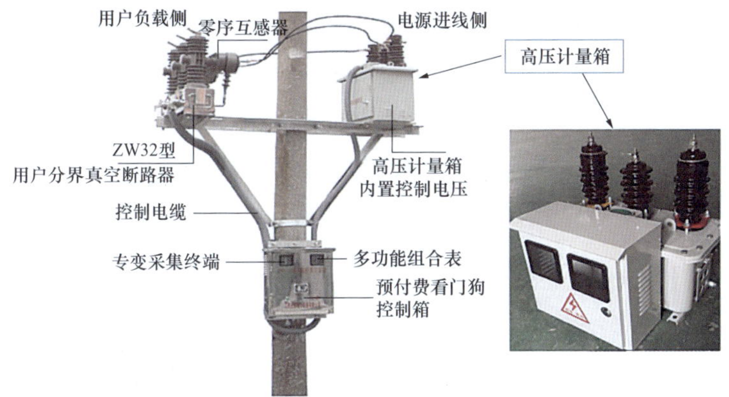

图 3-23 高压计量箱及其安装位置

3.11 故障指示器

线路故障指示器（见图 3-24）应安装在设置分段开关的杆塔、分支杆的负荷侧、架空线路与电缆连接处，以及长线路段每隔 7 ~ 8 基杆且便于人员到达检查处。一旦线路发生故障，巡线人员可借助指示器的报警显示，迅速确定故障点，排除故障，彻底改变过去盲目巡线、分段合闸送电查找故障的落后做法。

图 3-24 线路故障指示器

3.12 验电接地环

绝缘线路应根据停电工作接地点的需要，在线路分支线接第一根杆或装设支路隔离开关后的第一根杆需装设一组验电接地挂环，如图 3-25 所示。线路超过 5 根杆的，宜每 5 根杆左右安装一组接地挂环。各相验电接地环的安装点距离绝缘导线固定点的距离应一致。接地环的颜色应与线路相别一致。安装后挂环应垂直向下，接地环与导线连接点应装设绝缘防护罩。

图 3-25　验电接地环

3.13　过电压保护器

在电力系统中，过电压保护器（见图 3-26）和避雷器是两种常用的设备，它们的作用和功能有所不同。过电压保护器是一种保护电气设备不受过电压侵害的装置。过电压是指电气设备在运行过程中遇到超过其额定电压范围的电压，如雷击、操作失误等原因引起的电压波动。过电压保护器的作用是在过电压出现时，及时将过电压限制在一定范围内，避免对电气设备造成损害。主要区别是一个是防止大气过电压（避雷），一个是防止操作过电压（误操作）。

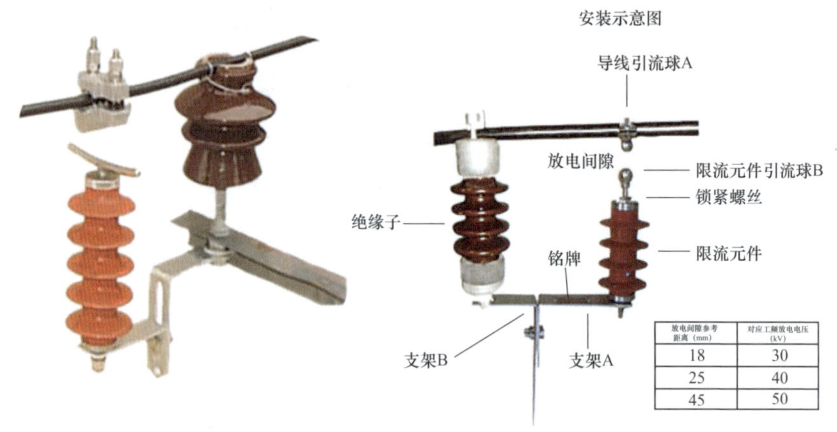

放电间隙参考距离（mm）	对应工频放电电压（kV）
18	30
25	40
45	50

图 3-26　过电压保护器

3.14 驱鸟器

鸟类在筑窝的时候常常会叼树枝、草等杂物做筑窝材料，鸟类长期在杆塔上面停留，其排泄物掉落在绝缘子串上面造成污染，使绝缘子电流泄漏；鸟窝的材料如树枝、木棍等在干燥的天气不会导电，但是在雨天会变成导体，鸟巢非常地松散，且靠近线路，一旦树枝被风吹到绝缘子串上面，易造成绝缘子闪络。所以电力工人发明了多种驱鸟器以保护输电线路免于鸟害。10kV 架空线路一般使用风车式驱鸟器，如图 3–27 所示。

图 3–27 风车式驱鸟器

图 3–28 为风车式驱鸟器安装在横担上的示意图。

图 3–28 风车式驱鸟器安装在横担上

3.15 绝缘护套

绝缘护套是变压器、避雷器、户外开关（断路器、负荷开关、隔离开关、跌落式熔断器）、耐张线夹、接续线夹等电力设备等部件接线端头配用的绝缘安全防护用品，如图 3-29 所示。

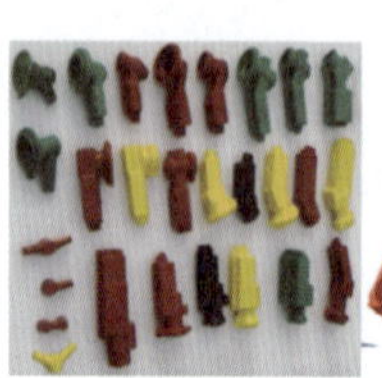

线夹绝缘护套

设备接线端子绝缘护套

开关绝缘护套

导线与耐张线夹绝缘护套

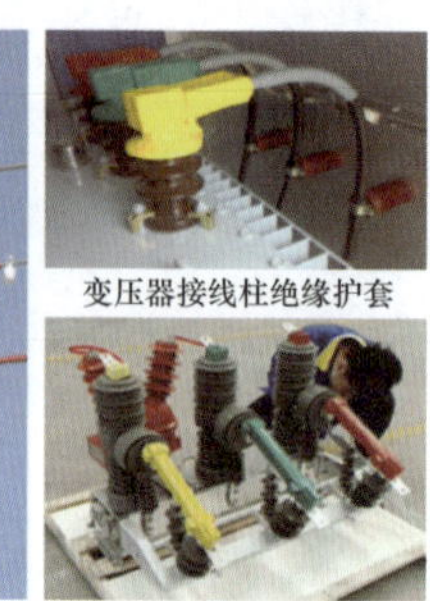

变压器接线柱绝缘护套

断路器与隔离开关绝缘护套

图 3-29　绝缘护套

第4章 配电网架空线路设备缺陷分类

本章介绍的配电架空线路设备缺陷是按照国家电网公司《配电网设备缺陷分类标准》Q/GDW 745—2012及《安徽配电网设备缺陷分类标准（全集）》内容，依据无人机飞巡可见光拍摄图片条件可以鉴别出来的设备外观缺陷。有些缺陷不在无人机飞巡范围，所以笔者关注的是设备的外在结构和特性，这里的设备缺陷仅是国网、省公司发布的缺陷内容的子集。

架空线路设备缺陷分为“危急、严重、一般”三个等级，但并不是每种缺陷都具备三个等级，有的只是具备“一般”，有的仅有“严重”或“危急”等级。

国家电网公司、省级公司颁发的缺陷分类标准里有些内容是按照面积、长度的大小和程度的轻重来判定，在实际应用工作中存在主观认知差别。人工标识图片工作中同样存在这种情况，在熟知和理解缺陷定义和分类基础上还需要制定标图规范。

本章最后一节按照“设备”“缺陷”“等级”三个维度归纳出设备缺陷体系导图，为缺陷识别标图人员、算法研究人员提供参考学习材料。

本章是缺陷识别标注人员、算法研究人员重点学习内容，具备电力知识背景的缺陷识别标注人员也应该熟知及掌握本章内容。

4.1 杆塔

4.1.1 杆塔本体

1. 杆塔倾斜

危急：水泥杆本体倾斜度（包括挠度）≥ 3%，50m以下高度铁塔塔身倾斜度≥ 2%、50m及以上高度铁塔塔身倾斜度≥ 1.5%，钢管杆倾斜度≥ 1%。

严重：水泥杆本体倾斜度（包括挠度）2% ~ 3%，50m以下高度铁塔塔身倾斜度在1.5% ~ 2%、50m及以上高度铁塔塔身倾斜度在1% ~ 1.5%（见图4–1）。

一般：水泥杆本体倾斜度（包括挠度）1.5% ~ 2%，50m以下高度铁塔塔身倾斜度在1% ~ 1.5%、50m及以上高度铁塔塔身倾斜度在0.5% ~ 1%。

图 4-1 水泥杆倾斜图例（危急）

2. 纵向、横向裂纹

危急：水泥杆杆身有纵向裂纹，横向裂纹宽度超过 0.5mm 或横向裂纹长度超过周长 1/3（见图 4-2）。

严重：水泥杆杆身横向裂纹宽度在 0.4 ~ 0.5mm 或横向裂纹长度为周长的 1/6 ~ 1/3。

一般：水泥杆杆身横向裂纹宽度在 0.25 ~ 0.4 mm 或横向裂纹长度为周长的 1/10 ~ 1/6。

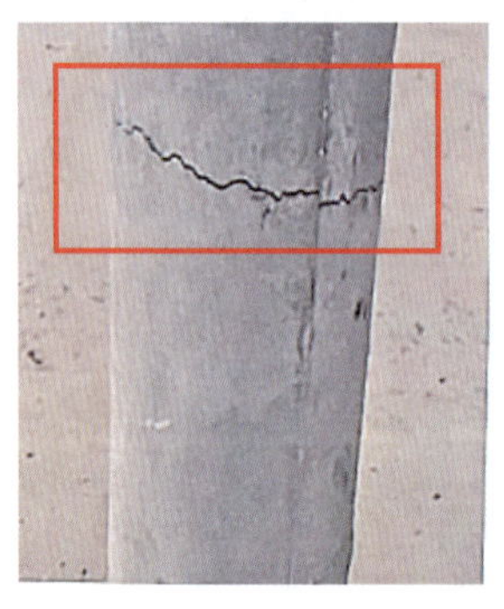

图 4-2 水泥杆裂纹图例（危急）

3. 锈蚀

严重：杆塔镀锌层脱落、开裂，塔材严重锈蚀（图 4-3）。

一般：杆塔镀锌层脱落、开裂，塔材中度锈蚀（图 4-4）。

4. 塔材缺失

危急：水泥杆表面风化、露筋，角钢塔主材缺失，随时可能发生倒杆塔危险（见图 4-5）。

严重：角钢塔承力部件缺失（见图 4-6）。

一般：角钢塔一般斜材缺失。

图 4-3　铁塔锈蚀图例（严重）

图 4-4　水泥杆法兰锈蚀图例（一般）

图 4-5　水泥杆损伤（露筋）（危急）

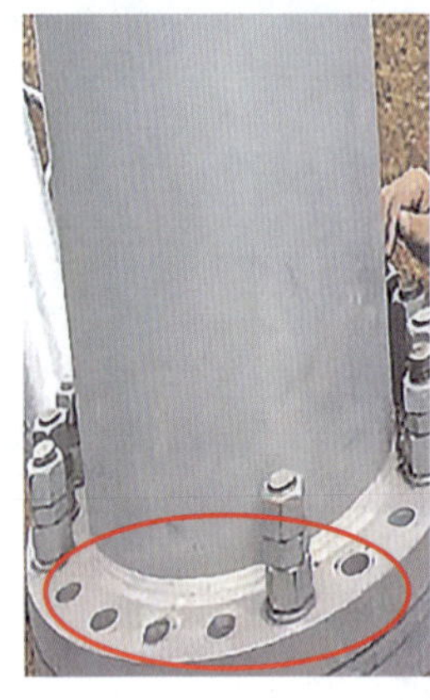

图 4-6 水泥杆损伤（严重）

左：塔材缺失（螺栓缺失）；中：塔材被盗；右：水泥杆顶损坏（露筋）

5. 异物

严重：杆塔有鸟巢、蜂巢（见图 4-7）。

图 4-7 杆塔异物（严重）（左：杆塔有鸟巢图例；右：杆塔有蜂巢图例）

一般：杆塔本体有异物。

6. 基础

危急：杆塔基础有沉降，沉降值≥ 25cm，引起钢管杆倾斜度≥ 1%。

严重：杆塔基础有沉降，15cm ≤沉降值＜ 25cm（见图 4-8）。

一般：杆塔基础有沉降，5cm ≤沉降值＜ 15cm。

7. 保护设施损坏

一般：杆塔保护设施损坏。（见图 4-9）

图 4-8 基础损伤（严重）（左：基础损伤明显下沉图例；右：护坡塌陷图例）

图 4-9 保护设施损坏（一般）[左：安全围栏损坏；右：防撞墩损坏（保护设施损坏）]

4.1.2 导线

1. 断股

危急：7 股导线中 2 股、19 股导线中 5 股、35 ~ 37 股导线中 7 股损伤深度超过该股导线的 1/2；钢芯铝绞线钢芯断 1 股者；绝缘导线线芯在同一截面内损伤面积超过线芯导电部分截面的 17%（见图 4-10）。

严重：7 股导线中 1 股、19 股导线中 3 ~ 4 股、35 ~ 37 股导线中 5 ~ 6 股损伤深度超过该股导线的 1/2；绝缘导线线芯在同一截面内损伤面积达到线芯导电部分截面的 10% ~ 17%。

轻度：19 股导线中 1 ~ 2 股、35 ~ 37 股导线中 1 ~ 4 股损伤深度超过该股导线的 1/2；绝缘导线线芯在同一截面内损伤面积小于线芯导电部分截面的 10%。

图 4-10　架空裸导线断股图例（危急）

2. 散股、灯笼现象

严重：导线有散股（见图 4-11）、灯笼（见图 4-12）现象，一耐张段出现 3 处及以上散股。

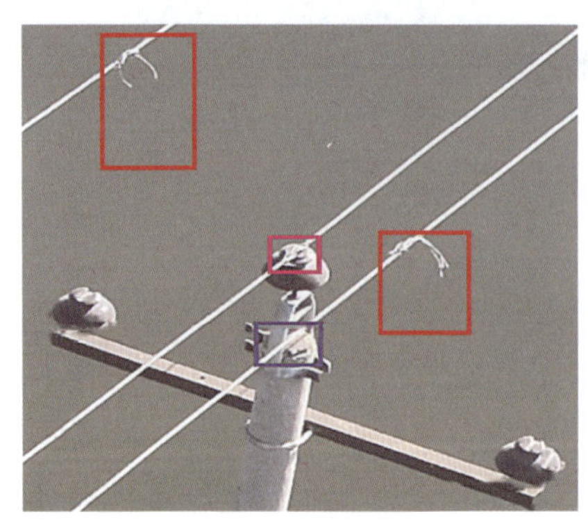

图 4-11　导线散股图例（严重）

图 4-12　灯笼现象图例（严重）

一般：导线一耐张段出现散股、灯笼现象一处。

3. 绝缘层破损

严重：架空绝缘线绝缘层破损，一耐张段出现 3～4 处绝缘破损、脱落现象或出现大面积绝缘破损、脱落（见图 4-13、图 4-14）。

一般：架空绝缘线绝缘层破损，一耐张段出现 2 处绝缘破损、脱落现象。

4. 线上有异物

危急：导线上挂有大异物将会引起相间短路等故障（见图 4-15）。

一般：导线有小异物不会影响安全运行。

图 4-13　绝缘导线绝缘层破损（施工质量造成）（严重）

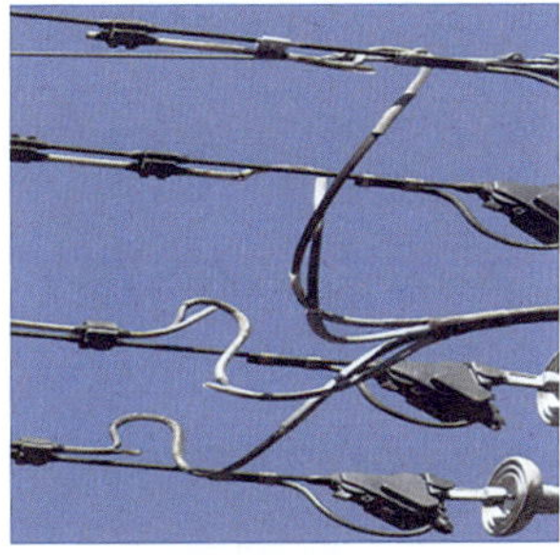

图 4-14　绝缘层导线绝缘层破损（高温熔化）（严重）

图 4-15　导线上有异物图例（危急）

5. 电缆绝缘护套损坏

一般：绝缘护套脱落、损坏、开裂（见图 4-16）。

图 4-16　电缆绝缘护套损坏（一般）

6. 导线绑扎不规范

危急：复合绝缘子卡扣损坏（等同于导线未有绑扎）（见图 4–17）。

图 4–17　复合绝缘子卡口损坏（等同于导线没有绑扎）（危急）

危急：导线脱落、导线未绑扎、绝缘子两侧导线绑扎 1 ~ 2 道并没有交叉（见图 4–18、图 4–19）。

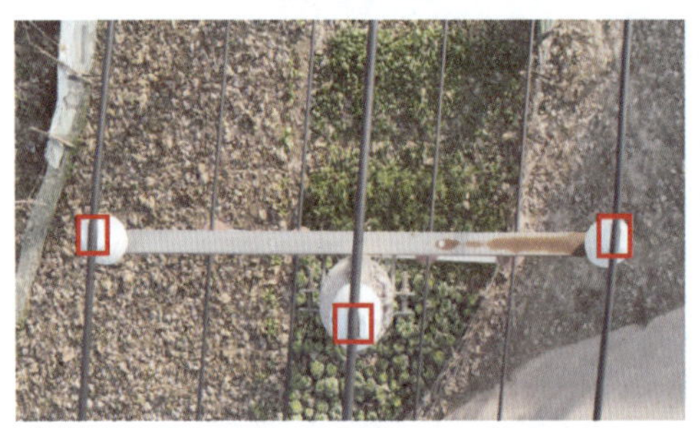

图 4–18　导线未绑扎（危急）

图 4–19　导线脱落（B 相导线绝缘子断裂）（危急）

严重：绝缘子两侧导线绑扎道数 3 ~ 4 道并没有交叉（见图 4–20、图 4–21）。

一般：绝缘子两侧导线绑扎道数 4 ~ 5 道并没有交叉。

图 4–20　导线绑扎不规范（扎数少）（严重）

图 4–21　导线绑扎不规范（松、乱）（严重）

4.1.3　绝缘子

1. 污秽

危急：表面有严重放电痕迹。

严重：有明显放电（见图 4–22）。

合成绝缘子表面污秽严重，有严重放电

玻璃绝缘子表面污秽

表面污秽严重，雾天（阴雨天）有轻微放电

绝缘子放电，瓷质绝缘子釉面剥落面积大于100mm^2

图 4–22　柱式绝缘子污秽，有明显放电痕迹（严重）

一般：污秽较为严重，但表面无明显放电。

2. 破损

危急：有裂缝，釉面剥落面积大于 100mm^2（见图 4–23）。

图 4–23　绝缘子破损（危急）

严重：合成绝缘子伞裙有裂纹。

一般：釉面剥落面积≤ 100mm^2。

3. 固定不牢固（倾斜）

危急：固定不牢固，严重倾斜。

严重：固定不牢固，中度倾斜（见图 4–24）。

图 4–24　柱式绝缘子严重倾斜（严重）

一般：固定不牢固，轻度倾斜。

4.1.4　铁件、金具

1. 线夹

（1）线夹松动。

危急：线夹主件已有脱落等现象。

严重：线夹有较大松动，接续管变形（见图 2–25、图 2–26）。

一般：线夹连接不牢靠，略有松动。

图 4-25　并沟线夹损伤松动（严重）

图 4-26　接续管变形（严重）

（2）绝缘罩脱落。

严重：绝缘罩熔化（见图 4-27）。

图 4-27　绝缘罩熔化（损坏）（严重）

一般：绝缘罩脱落（见图 4-28 ~ 图 4-30）。

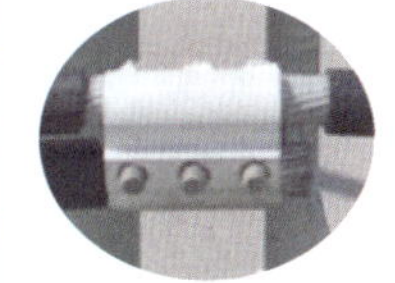

图 4-28　并沟线夹绝缘罩缺失或脱落（一般）

图 4-29　C 形线夹绝缘罩脱落（一般）

图 4-30　耐张线夹绝缘罩脱落或缺失（一般）

（3）锈蚀。

严重：严重锈蚀（起皮和严重麻点，锈蚀面积超过 1/2）（见图 4-31、图 4-32）。

一般：线夹有锈蚀。

图 4-31　悬垂线夹锈蚀（严重）

图 4-32　耐张线夹锈蚀（严重）

（4）金具附件不完整。

严重：金具的保险销子脱落、连接金具球头锈蚀严重、弹簧销脱出或生锈失效、挂环断裂；金具串钉移位、脱出、挂环断裂、变形（见图 4–33 ~ 图 4–40）。

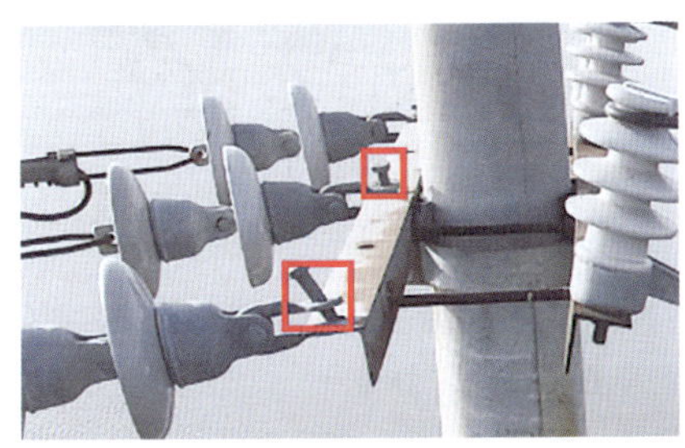

图 4–33　耐张串 U 形挂环与横担连接螺母丢失（严重）

图 4–34　U 形挂环与悬式绝缘子连接螺母丢失（严重）

图 4–35　串钉缺失或丢失（严重）

图 4–36　金具销钉脱落（严重）

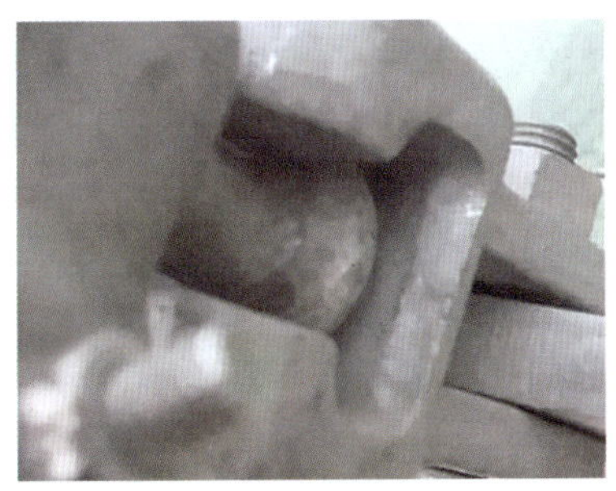

图 4–37　碗内缺销钉（严重）

图 4–38　顶帽螺栓丢失（严重）

2. 横担

（1）横担弯曲、倾斜。

危急：横担弯曲、倾斜，严重变形。

严重：横担上下倾斜，左右偏歪大于横担长度的 2%（见图 4–41）。

一般：横担上下倾斜，左右偏歪不足横担长度的 2%。

图 4-39　连接金具球头挂环、U 形挂环锈蚀（严重）

图 4-40　连接金具球头锈蚀严重（严重）

（2）锈蚀

一般：横担严重锈蚀（起皮和严重麻点，锈蚀面积超过 1/2）（见图 4–42）。

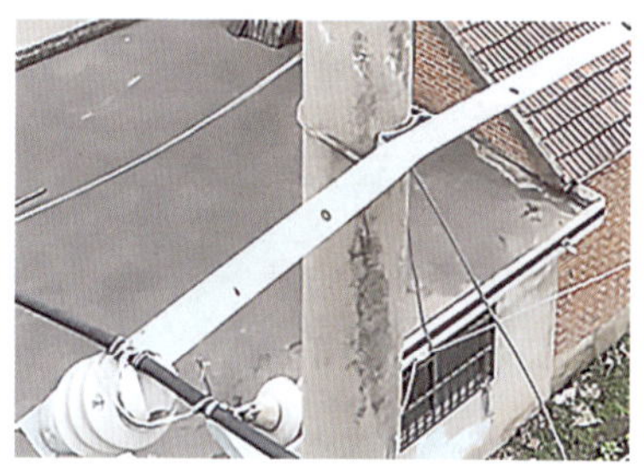

图 4-41　角铁横担严重变形弯曲（严重）

图 4-42　横担严重锈蚀（一般）

（3）松动、主件脱落。

危急：横担主件（如抱箍、连铁、撑铁等）脱落。

严重：横担有较大松动（见图 4–43）。

一般：横担连接不牢靠，略有松动（见图 4–44）。

图 4-43　横担较大松动、倾斜（严重）

图 4-44　横担略有松动（一般）

4.1.5　拉线

1. 拉线钢绞线锈蚀

严重：严重锈蚀。

一般：中度锈蚀（见图 4–45）。

图 4–45　拉线钢绞线（含线夹、抱箍）锈蚀（一般）

2. 拉线松弛

严重：明显松弛，电杆发生倾斜（见图 4–46）。

一般：中度松弛。

图 4–46　杆塔拉线松弛（杆塔没有倾斜）（严重）

3. 拉线损伤

危急：断股大于 17%截面（见图 4–47）。

严重：断股 7% ~ 17%截面。

一般：断股小于 7%截面，摩擦或撞击。

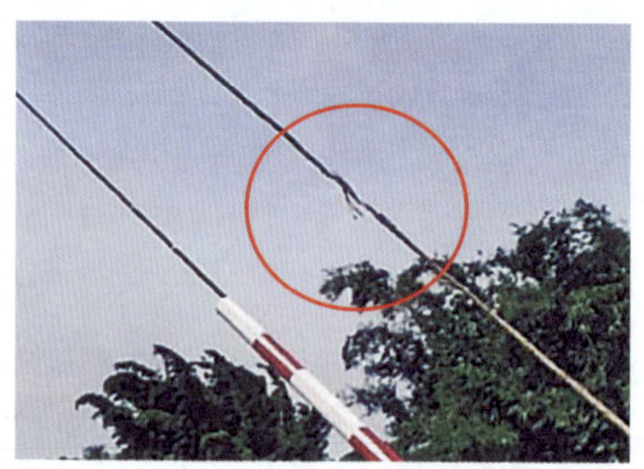

图 4-47　杆塔拉线断股（危急）

4. 拉线防护设施不满足要求

严重：道路边的拉线应设防护设施（护坡、反光管等）而未设置（见图 4-48、图 4-49）。

严重：拉线绝缘子未按规定设置。

一般：道路边的拉线防护设施设置不规范。

图 4-48　拉线防护设施被损坏（严重）

图 4-49　拉线上有爬藤（严重）

5. 拉线金具不齐全

严重：拉线金具不齐全（见图 4-50）。

图 4-50　拉线金具不全（缺钢线卡子）（严重）

6. 拉线金具锈蚀

严重：严重锈蚀。

一般：中度锈蚀（见图 4–51）。

图 4–51　拉线 U 形线夹锈蚀（一般）

4.1.6　通道

危急：线路通道保护区内树木距导线距离，在最大风偏情况下水平。

距离：架空裸导线≤ 2m，绝缘线≤ 1m；在最大弧垂情况下垂直距离：架空裸导线≤ 1.5m，绝缘线≤ 0.8m。

严重：线路通道保护区内树木距导线距离，在最大风偏情况下水平（见图 4–52、图 4–53）。

图 4–52　架空导线对高秆植物安全距离不足（严重）

图 4–53　架空导线对建筑物安全距离不足（严重）

距离：架空裸导线在 2 ~ 2.5m，绝缘线 1 ~ 1.5m；在最大弧垂情况下垂直距离：架空裸导线在 1.5 ~ 2m，绝缘线在 0.8 ~ 1m。

一般：线路通道保护区内树木距导线距离，在最大风偏情况下水平距离：

架空裸导线在 2.5～3m，绝缘线 1.5～2m；在最大弧垂情况下垂直距离：架空裸导线在 2～2.5m，绝缘线在 1～1.5m。

4.1.7 附件

1. 接地体

（1）锈蚀。

危急：严重锈蚀（大于截面直径或厚度 30%）。

严重：中度锈蚀（大于截面直径或厚度 20%，小于 30%）（见图 4–54、图 4–55）。

一般：轻度锈蚀（大于截面直径或厚度 10%，小于 20%）。

（2）连接不良。

危急：出现断开、断裂（见图 4–56、图 4–57）。

严重：连接松动、接地不良。

一般：无明显接地。

图 4–54 接地体锈蚀（严重）

图 4–55 接地体锈蚀（严重）

图 4–56 接地网接地体断裂（危急）

图 4–57 接地引下线缺失（危急）

2. 防雷金具、故障指示器

（1）防雷金具安装不牢靠。

一般：防雷金具出现位移、变形损伤，松动（见图 4–58）。

（2）故障指示器。

一般：故障指示器出现位移、变形损伤，松动（见图 4-59）。

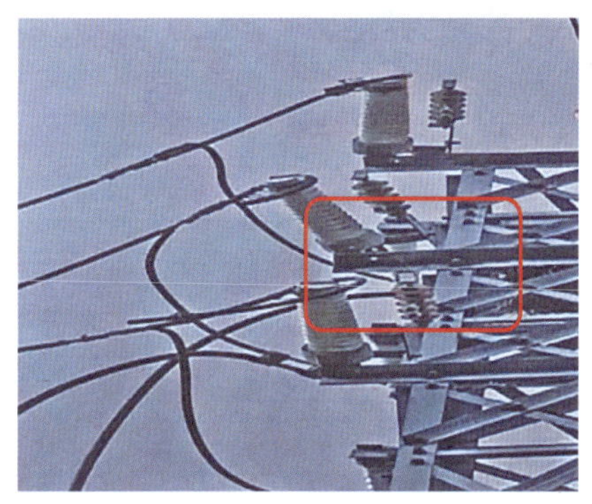

图 4-58　防雷金具出现位移、变形损伤，松动（一般）

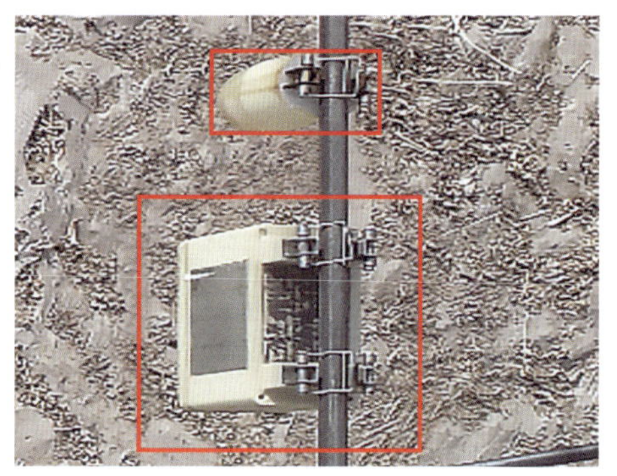

图 4-59　故障指示器出现位移、松动（一般）

4.2　柱上真空开关

4.2.1　套管

1. 破损

危急：严重破损（见图 4-60、图 4-61）。

严重：外壳有裂纹（撕裂）或破损。

一般：略有破损。

图 4-60　柱上真空断路器破损（危急）

图 4-61　柱上真空断路器集柱破损（危急）

2. 污秽

危急：表面有严重放电痕迹。

严重：有明显放电。

一般：污秽较为严重，但表面无明显放电（见图 4-62）。

图 4-62　套管表面污迹，灰尘严重（一般）

4.2.2　开关本体

1. 锈蚀

严重：严重锈蚀（见图 4-63）。

一般：中度锈蚀。

图 4-63　柱上断路器外壳锈蚀（严重）

2. 污秽

一般：污秽较为严重（见图 4-64）。

3. 导电接头及引线缺陷

危急：引线损伤（见图 4-65）。

严重：导线接头及引线绝缘罩丢失、损坏、缺失（见图 4-66、图 4-67）。

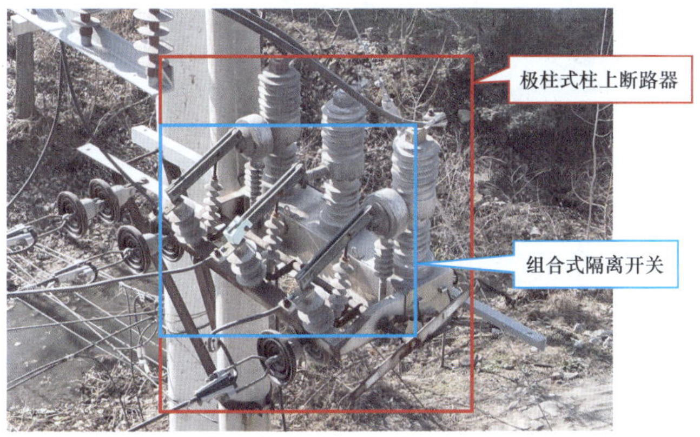

图 4-64 开关本体整体污秽（一般）

图 4-65 导线接头及引线断裂（危急）

图 4-66 导线接头及引线绝缘罩丢失，损坏（严重）

图 4-67　导线接头及引线绝缘罩缺失（严重）

4.2.3　隔离开关

1. 隔离开关破损

危急：严重破损（见图 4–68）。

严重：外壳有裂纹（撕裂）或破损。

一般：略有破损。

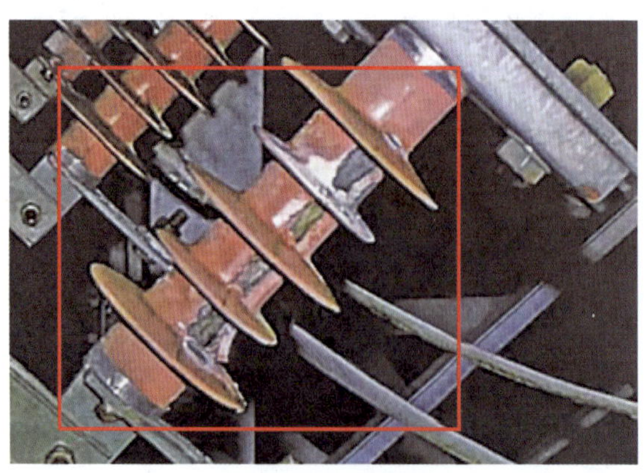

图 4-68　隔离开关损伤（危急）

2. 隔离开关锈蚀

严重：严重锈蚀（见图 4–69）。

一般：中度锈蚀。

图 4-69　隔离开关锈蚀（严重）

3. 隔离开关污秽

危急：表面有严重放电痕迹。

严重：有明显放电（见图 4-70）。

一般：污秽但没有放电。

图 4-70　有明显放电（严重）

4. 隔离开关导电接头及引线

严重：隔离开关导线接头及引线绝缘罩丢失、损坏、缺失（见图 4-71）。

危急：隔离开关引线断裂（见图 4-72）。

图 4-71　导线接头及引线绝缘罩缺失（严重）

图 4-72　隔离开关引线断裂（危急）

5. 隔离开关操作机构卡涩

严重：严重卡涩（见图 4–73）。

一般：轻微卡涩。

图 4–73　隔离开关操作联动杆卡涩（严重）

4.2.4　柱上断路器隔离开关接地

1. 接地不良

危急：出现断开、断裂。

严重：连接松动、接地不良（见图 4–74）。

一般：无明显接地。

图 4–74　无明显接地（严重）

2. 柱上断路器隔离开关接地锈蚀

危急：严重锈蚀（大于截面直径或厚度 30%）。

严重：中度锈蚀（大于截面直径或厚度 20%，小于 30%）（见图 4–75）。

一般：轻度锈蚀（大于截面直径或厚度 10%，小于 20%）。

图 4-75　严重锈蚀（严重）

4.2.5　互感器

1. 破损

危急：外壳和套管有严重破损（见图 4-76）。

严重：外壳和套管有裂纹（撕裂）或破损。

一般：外壳和套管略有破损。

图 4-76　互感器外壳严重损坏（危急）

2. 导电接头及引线

危急：引线损伤。

严重：导电接头及引线绝缘防护罩缺失、损坏（见图 4-77）。

图 4-77　互感器导电接头缺绝缘防护罩（严重）

4.3 柱上 SF_6 开关（三相共箱式）

4.3.1 套管

1. 套管破损

危急：严重破损（见图 4–78）。

严重：外壳有裂纹（撕裂）或破损。

一般：略有破损。

图 4–78　套管损伤（危急）

2. 柱上 SF_6 开关套管污秽

危急：表面有严重放电痕迹。

严重：有明显放电。

一般：污秽较为严重，但表面无明显放电（见图 4–79）。

图 4–79　污秽较严重，无放电（一般）

4.3.2　柱上 SF_6 开关本体

1. 锈蚀

严重：严重锈蚀。

一般：中度锈蚀（见图 4-80）。

图 4-80　中度锈蚀（一般）

2. 污秽

危急：表面有严重放电痕迹。

严重：有明显放电。

一般：污秽较为严重（见图 4-81）。

图 4-81　污秽较严重（一般）

3. 导电接头及引线缺陷

危急：引线损伤。

严重：导电接头及引线绝缘防护罩缺失、损坏（见图 4-82）。

图 4-82　开关导电接头缺绝缘防护罩（严重）

4.4　柱上隔离开关

4.4.1　支持绝缘子

1. 破损

危急：严重破损（见图 4-83）。

严重：外壳有裂纹（撕裂）或破损。

轻度：略有破损。

图 4-83　支柱绝缘子严重破损（危急）

2. 污秽

危急：表面有严重放电痕迹。

严重：有明显放电。

一般：污秽较为严重，但表面无明显放电（见图 4-84）。

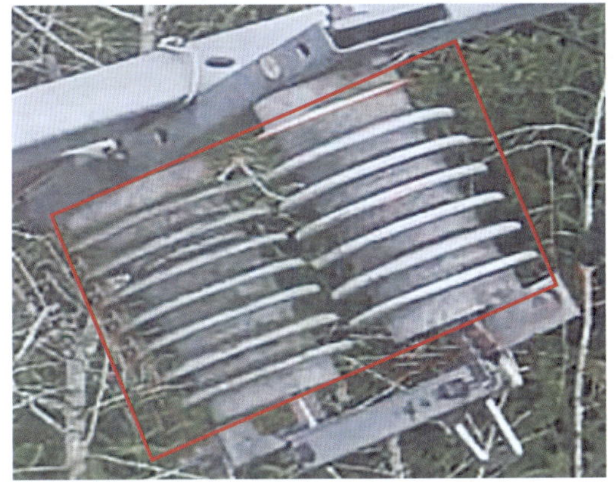

图 4-84　支柱绝缘子污秽（一般）

4.4.2　隔离开关本体

1. 锈蚀

严重：严重锈蚀（见图 4-85）。

一般：中度锈蚀。

图 4-85　隔离开关本体锈蚀（严重）

2. 卡涩

严重：严重卡涩（见图 4-86）。

一般：轻微卡涩。

3. 导电接头及引线缺陷

危急：引线损伤（见图 4-87）。

严重：导电接头及引线绝缘防护罩缺失、损坏。

图 4-86　触头卡涩（严重）

图 4-87　引线损伤（危急）

4.5　跌落式熔断器

1. 本体破损

危急：严重破损。

严重：外壳有裂纹（撕裂）或破损（见图 4–88）。

一般：略有破损。

2. 绝缘罩缺失

严重：绝缘罩缺失、丢失、损坏（见图 4–89）。

3. 本体污秽

危急：表面有严重放电痕迹。

严重：有明显放电。

一般：污秽较为严重，但表面无明显放电（见图 4–90）。

图 4-88　支持底座损伤（严重）

图 4-89　绝缘罩缺失或丢失（严重）

图 4-90　支持底座污秽（一般）

4. 本体锈蚀

严重：严重锈蚀（见图 4-91）。

一般：中度锈蚀。

图 4-91　熔断器锈蚀（严重）

5. 松动

一般：固定松动，支架位移、有异物（见图 4-92）。

图 4-92　支架位移（一般）

4.6　金属氧化物避雷器

1. 本体破损

危急：严重破损（见图 4-93）。

图 4-93　严重破损（危急）

严重：外壳有裂纹（撕裂）或破损（见图 4–94）。

一般：略有破损。

图 4–94　避雷器本体避雷器有裂缝，断裂，破碎，脱落现象（严重）

2. 本体污秽

危急：表面有严重放电痕迹（见图 4–95）。

严重：有明显放电（见图 4–96）。

一般：污秽较为严重，但表面无明显放电。

图 4–95　表面有严重放电痕迹（危急）

图 4–96　避雷器本体污秽（严重）

3. 松动

严重：本体或引线脱落（断裂）、脱扣（见图 4-97 ~ 图 4-101）。

一般：松动。

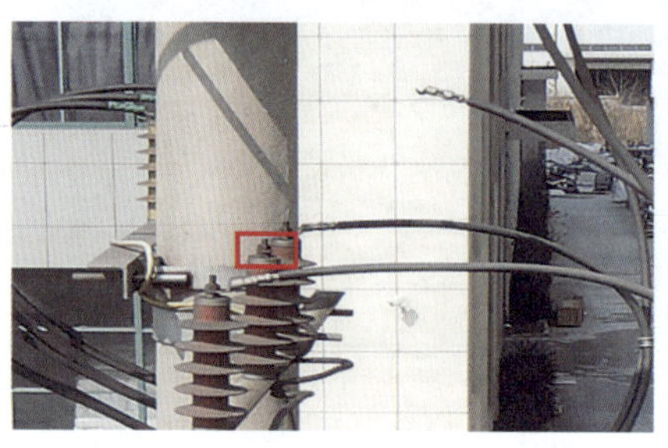

图 4-97 固定式避雷器引线断裂（单相无防雷）（严重）

图 4-98 可卸式避雷器跌落（单相无防雷）（严重）

图 4-99 可卸式避雷器丢失（单相无防雷）（严重）

图 4-100 固定式避雷器（带脱离器）脱扣（严重）

图 4-101 可卸式避雷器（带脱离器）脱扣（严重）

4.7　高压计量箱

4.7.1　绕组及套管

1. 破损

危急：严重破损。

严重：外壳有裂纹（撕裂）或破损（见图 4–102）。

一般：略有破损。

图 4–102　有裂纹或破损（严重）

2. 污秽

危急：表面有严重放电痕迹。

严重：有明显放电。

一般：污秽较为严重，但表面无明显放电（见图 4–103）。

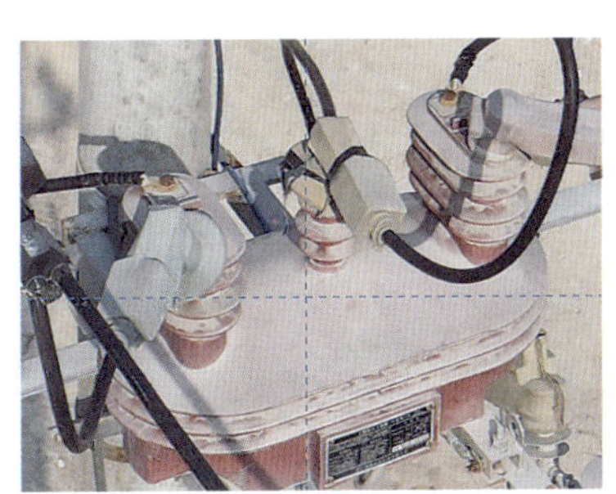

图 4–103　严重污秽无发放电（一般）

4.7.2　油箱（外壳）

1. 锈蚀

严重：严重锈蚀（见图 4–104）。

一般：轻微渗油。

图 4-104　严重锈蚀（严重）

2. 渗油

危急：漏油（滴油）。

严重：严重渗油（见图 4-105）。

一般：轻微渗油。

图 4-105　严重渗油（严重）

4.7.3　导线接头

1. 导线破损

危急：引线断股、损坏（见图 4-106）。

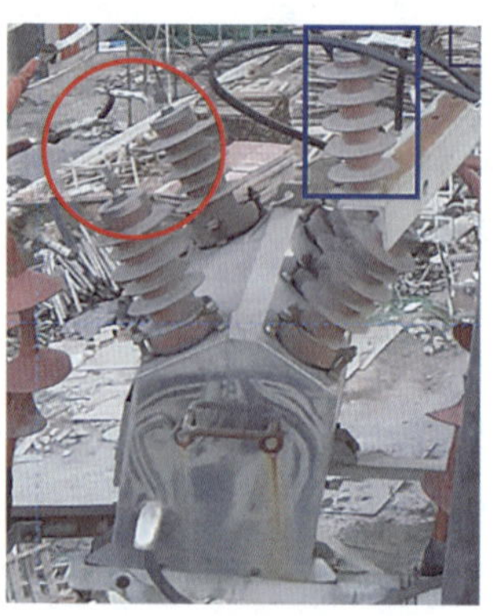

图 4-106　引线断裂（危急）

2. 无绝缘罩

严重：没有绝缘罩或绝缘罩丢失（见图 4-107）。

图 4-107　没有绝缘罩（严重）

4.8　变压器

4.8.1　高低压套管及接线

1. 破损

危急：严重破损（见图 4-108）。

严重：外壳有裂纹（撕裂）或破损。

一般：略有破损。

图 4-108　中压套管严重破损（危急）

2. 污秽

危急：有严重放电（户外变）。

严重：污秽严重，有明显放电（户外变）（见图 4-109）。

一般：污秽较严重（户外变）。

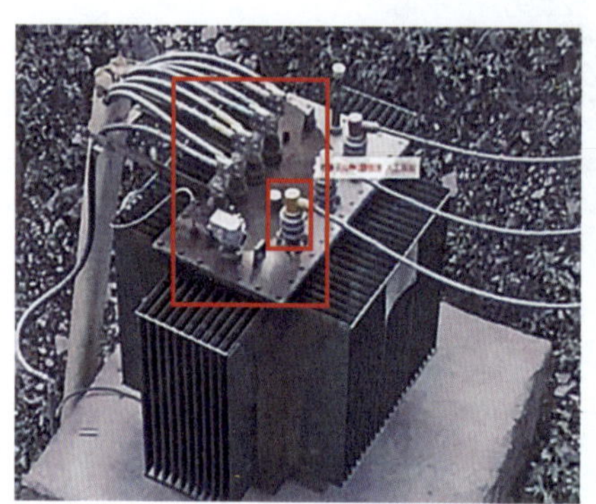

图 4-109　套管污秽（严重）

4.8.2　导线接头与外部连接

1. 松动

严重：线夹与设备连接平面出现缝隙，螺栓明显脱出，引线随时可能脱出（见图 4-110）。

图 4-110　低压接线松动导致高温变形（严重）

2. 损坏

严重：线夹破损断裂严重，有脱落的可能，对引线无法形成紧固作用（见图 4-111）。

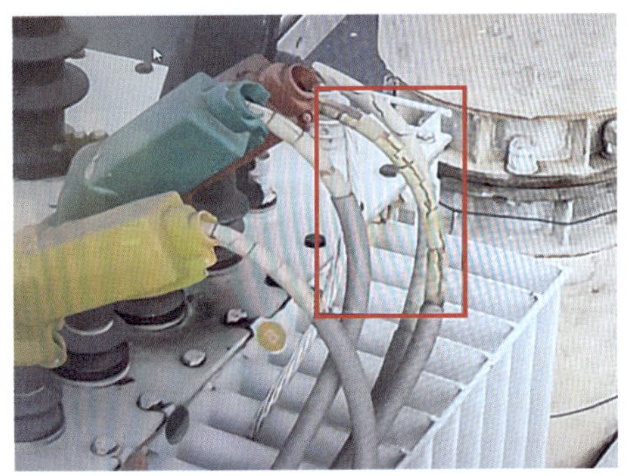

图 4-111　低压出线电缆绝缘层破损（严重）

3. 断股

严重：截面损失达 7%以上，但小于 25%（见图 4-112）。

一般：截面损失小于 7%。

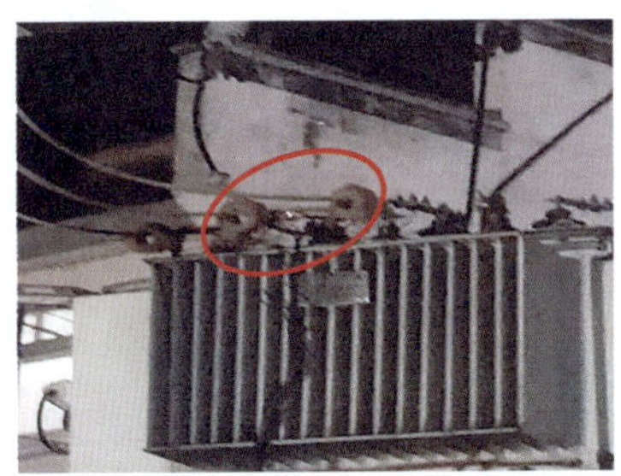

图 4-112　低压出线断股（严重）

4. 无绝缘罩

严重：绝缘罩缺失、丢失、损坏（见图 4-113）。

图 4-113　高低压接线桩头无绝缘罩（严重）

4.8.3 本体及油箱

1. 本体及油箱渗油

危急：漏油（滴油）（见图 4–114、图 4–115）。

严重：严重渗油（见图 4–116）。

一般：明显渗油。

图 4–114 油箱渗油（危急）

图 4–115 漏油（危急）

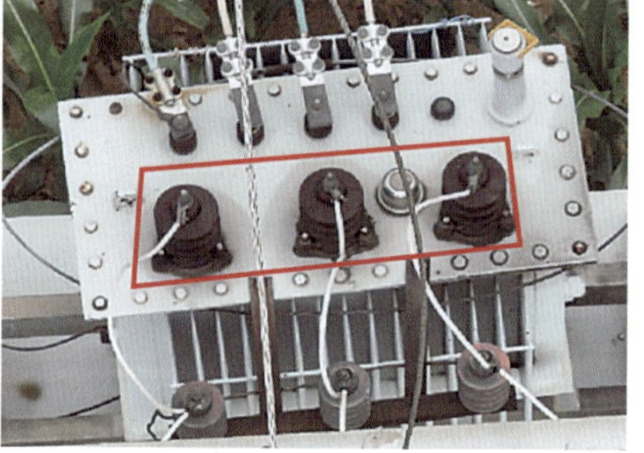

图 4–116 高压套管渗油（严重）

2. 本体及油箱锈蚀

严重：严重锈蚀（见图 4–117）。

一般：明显锈斑。

4.8.4 接地

1. 接地引下线锈蚀

危急：严重锈蚀（大于截面直径或厚度 30%）（见图 4–118）。

严重：中度锈蚀（大于截面直径或厚度 20%，小于 30 %）。

一般：轻度锈蚀（大于截面直径或厚度 10%，小于 20 %）。

图 4-117　本体锈蚀（严重）

图 4-118　接地引下线严重锈蚀并断开（危急）

2. 接地引下线断裂

危急：出现断开、断裂（见图 4-119）。

严重：连接松动、接地不良。

一般：无明显接地。

图 4-119　接地体断裂（危急）

4.9 10kV 户外电缆终端

4.9.1 10kV 户外电缆终端破损

危急：严重破损（见图 4–120）。
严重：外壳有裂纹（撕裂）或破损。
一般：略有破损。

图 4–120　户外电缆终端破损（放电）（危急）

4.9.2 10kV 户外电缆终端污秽

危急：表面有严重放电痕迹（见图 4–121）。
严重：有明显放电。
一般：污秽较为严重，但表面无明显放电。

图 4–121　电缆终端头污秽并有明显放电（危急）

4.10　配电网架空线路飞巡可视缺陷体系导图

4.10.1　按设备维度

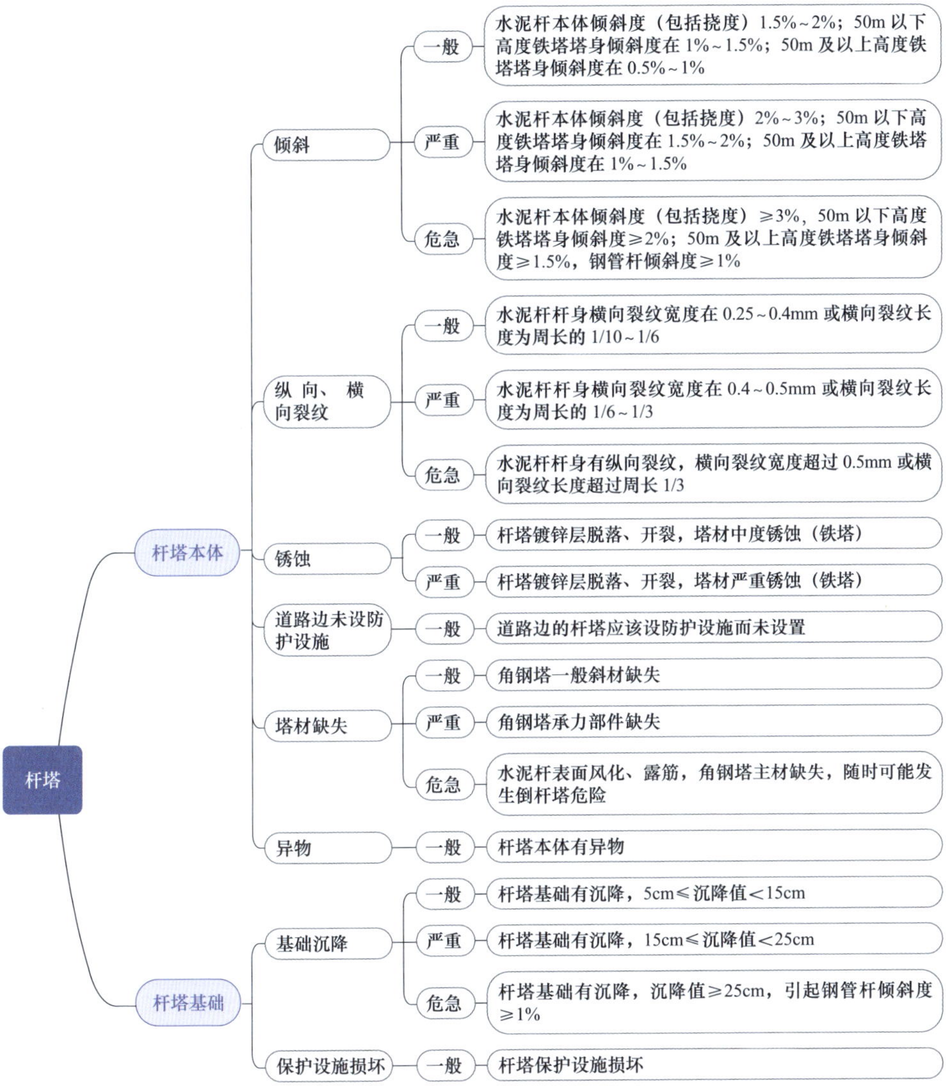

- 杆塔
  - 杆塔本体
    - 倾斜
      - 一般：水泥杆本体倾斜度（包括挠度）1.5%～2%；50m 以下高度铁塔塔身倾斜度在 1%～1.5%；50m 及以上高度铁塔塔身倾斜度在 0.5%～1%
      - 严重：水泥杆本体倾斜度（包括挠度）2%～3%；50m 以下高度铁塔塔身倾斜度在 1.5%～2%；50m 及以上高度铁塔塔身倾斜度在 1%～1.5%
      - 危急：水泥杆本体倾斜度（包括挠度）≥3%，50m 以下高度铁塔塔身倾斜度≥2%；50m 及以上高度铁塔塔身倾斜度≥1.5%，钢管杆倾斜度≥1%
    - 纵向、横向裂纹
      - 一般：水泥杆杆身横向裂纹宽度在 0.25～0.4mm 或横向裂纹长度为周长的 1/10～1/6
      - 严重：水泥杆杆身横向裂纹宽度在 0.4～0.5mm 或横向裂纹长度为周长的 1/6～1/3
      - 危急：水泥杆杆身有纵向裂纹，横向裂纹宽度超过 0.5mm 或横向裂纹长度超过周长 1/3
    - 锈蚀
      - 一般：杆塔镀锌层脱落、开裂，塔材中度锈蚀（铁塔）
      - 严重：杆塔镀锌层脱落、开裂，塔材严重锈蚀（铁塔）
    - 道路边未设防护设施
      - 一般：道路边的杆塔应该设防护设施而未设置
    - 塔材缺失
      - 一般：角钢塔一般斜材缺失
      - 严重：角钢塔承力部件缺失
      - 危急：水泥杆表面风化、露筋，角钢塔主材缺失，随时可能发生倒杆塔危险
    - 异物
      - 一般：杆塔本体有异物
  - 杆塔基础
    - 基础沉降
      - 一般：杆塔基础有沉降，5cm≤沉降值＜15cm
      - 严重：杆塔基础有沉降，15cm≤沉降值＜25cm
      - 危急：杆塔基础有沉降，沉降值≥25cm，引起钢管杆倾斜度≥1%
    - 保护设施损坏
      - 一般：杆塔保护设施损坏

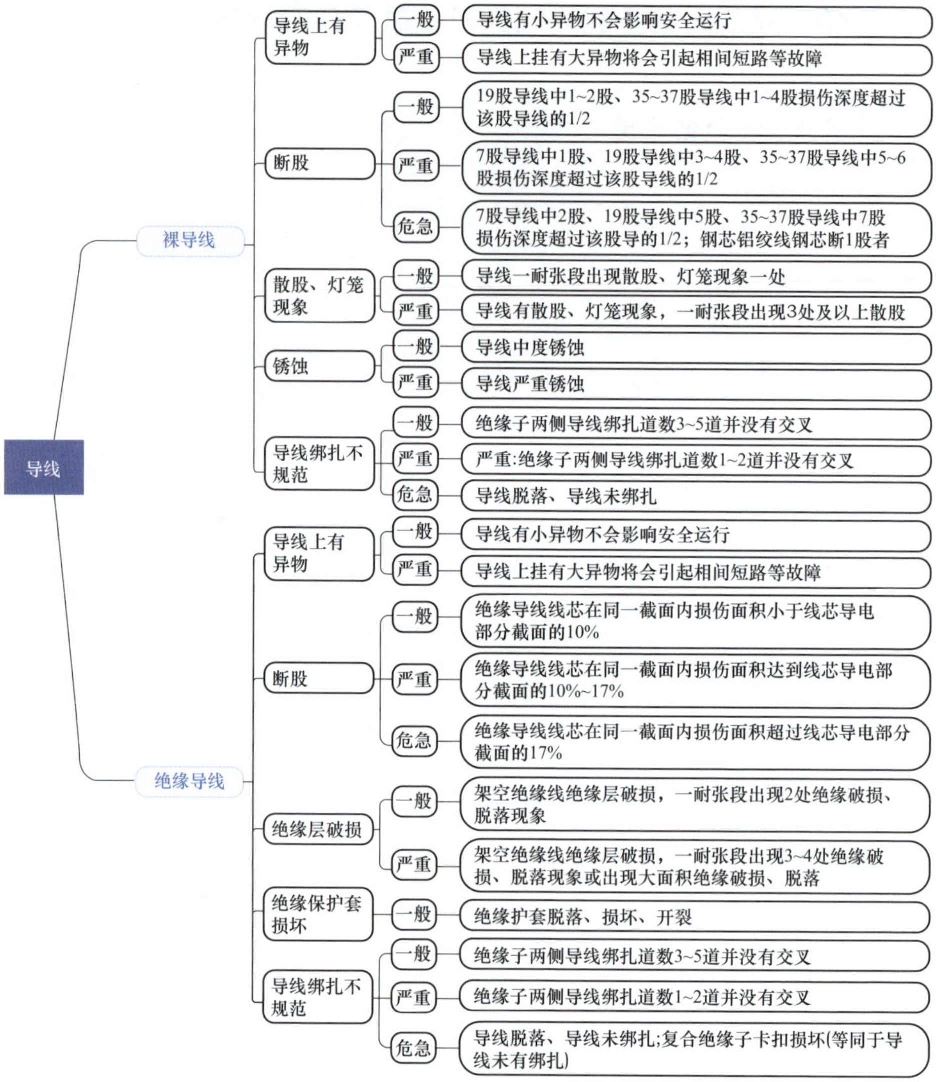

- 导线
  - 裸导线
    - 导线上有异物
      - 一般：导线有小异物不会影响安全运行
      - 严重：导线上挂有大异物将会引起相间短路等故障
    - 断股
      - 一般：19股导线中1~2股、35~37股导线中1~4股损伤深度超过该股导线的1/2
      - 严重：7股导线中1股、19股导线中3~4股、35~37股导线中5~6股损伤深度超过该股导线的1/2
      - 危急：7股导线中2股、19股导线中5股、35~37股导线中7股损伤深度超过该股导的1/2；钢芯铝绞线钢芯断1股者
    - 散股、灯笼现象
      - 一般：导线一耐张段出现散股、灯笼现象一处
      - 严重：导线有散股、灯笼现象，一耐张段出现3处及以上散股
    - 锈蚀
      - 一般：导线中度锈蚀
      - 严重：导线严重锈蚀
    - 导线绑扎不规范
      - 一般：绝缘子两侧导线绑扎道数3~5道并没有交叉
      - 严重：严重:绝缘子两侧导线绑扎道数1~2道并没有交叉
      - 危急：导线脱落、导线未绑扎
  - 绝缘导线
    - 导线上有异物
      - 一般：导线有小异物不会影响安全运行
      - 严重：导线上挂有大异物将会引起相间短路等故障
    - 断股
      - 一般：绝缘导线线芯在同一截面内损伤面积小于线芯导电部分截面的10%
      - 严重：绝缘导线线芯在同一截面内损伤面积达到线芯导电部分截面的10%~17%
      - 危急：绝缘导线线芯在同一截面内损伤面积超过线芯导电部分截面的17%
    - 绝缘层破损
      - 一般：架空绝缘线绝缘层破损，一耐张段出现2处绝缘破损、脱落现象
      - 严重：架空绝缘线绝缘层破损，一耐张段出现3~4处绝缘破损、脱落现象或出现大面积绝缘破损、脱落
    - 绝缘保护套损坏
      - 一般：绝缘护套脱落、损坏、开裂
    - 导线绑扎不规范
      - 一般：绝缘子两侧导线绑扎道数3~5道并没有交叉
      - 严重：绝缘子两侧导线绑扎道数1~2道并没有交叉
      - 危急：导线脱落、导线未绑扎;复合绝缘子卡扣损坏(等同于导线未有绑扎)

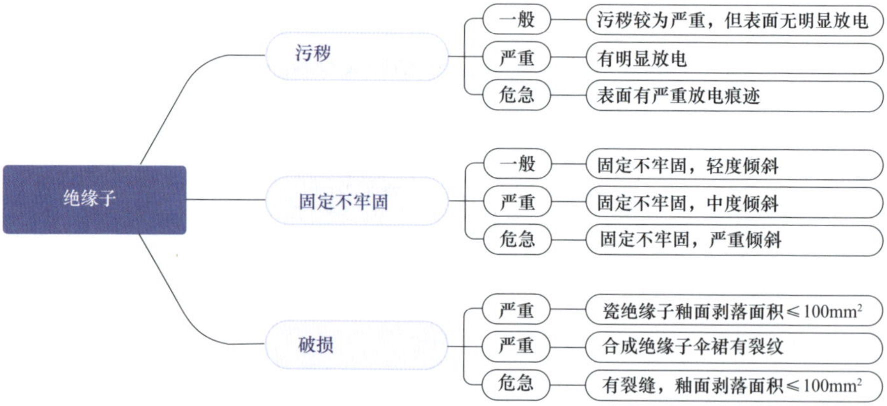

- 绝缘子
  - 污秽
    - 一般：污秽较为严重，但表面无明显放电
    - 严重：有明显放电
    - 危急：表面有严重放电痕迹
  - 固定不牢固
    - 一般：固定不牢固，轻度倾斜
    - 严重：固定不牢固，中度倾斜
    - 危急：固定不牢固，严重倾斜
  - 破损
    - 严重：瓷绝缘子釉面剥落面积≤$100mm^2$
    - 严重：合成绝缘子伞裙有裂纹
    - 危急：有裂缝，釉面剥落面积≤$100mm^2$

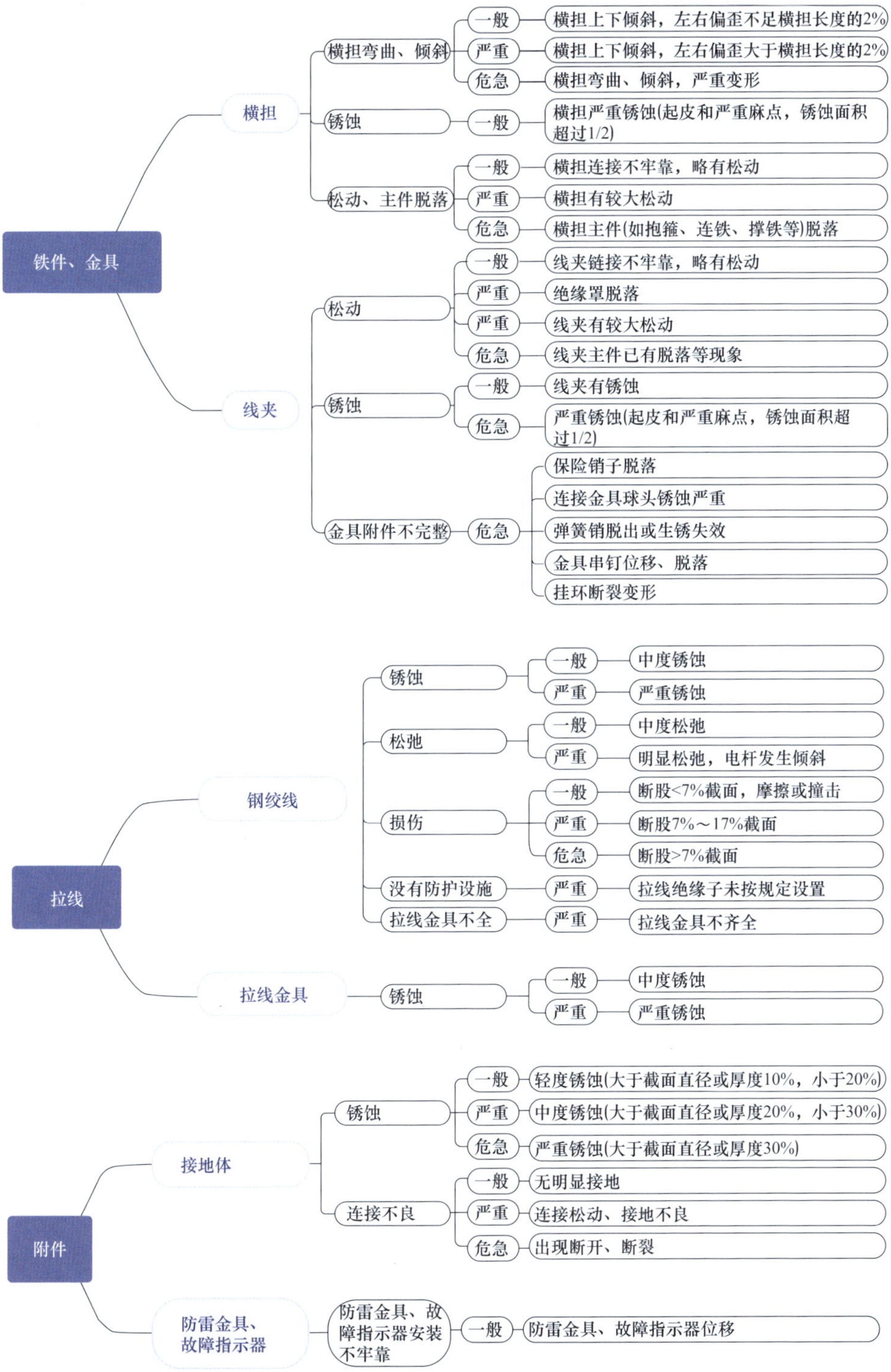

- 铁件、金具
  - 横担
    - 横担弯曲、倾斜
      - 一般：横担上下倾斜，左右偏歪不足横担长度的2%
      - 严重：横担上下倾斜，左右偏歪大于横担长度的2%
      - 危急：横担弯曲、倾斜，严重变形
    - 锈蚀
      - 一般：横担严重锈蚀(起皮和严重麻点，锈蚀面积超过1/2)
    - 松动、主件脱落
      - 一般：横担连接不牢靠，略有松动
      - 严重：横担有较大松动
      - 危急：横担主件(如抱箍、连铁、撑铁等)脱落
  - 线夹
    - 松动
      - 一般：线夹链接不牢靠，略有松动
      - 严重：绝缘罩脱落
      - 严重：线夹有较大松动
      - 危急：线夹主件已有脱落等现象
    - 锈蚀
      - 一般：线夹有锈蚀
      - 危急：严重锈蚀(起皮和严重麻点，锈蚀面积超过1/2)
    - 金具附件不完整
      - 危急：
        - 保险销子脱落
        - 连接金具球头锈蚀严重
        - 弹簧销脱出或生锈失效
        - 金具串钉位移、脱落
        - 挂环断裂变形

- 拉线
  - 钢绞线
    - 锈蚀
      - 一般：中度锈蚀
      - 严重：严重锈蚀
    - 松弛
      - 一般：中度松弛
      - 严重：明显松弛，电杆发生倾斜
    - 损伤
      - 一般：断股<7%截面，摩擦或撞击
      - 严重：断股7%～17%截面
      - 危急：断股>7%截面
    - 没有防护设施
      - 严重：拉线绝缘子未按规定设置
    - 拉线金具不全
      - 严重：拉线金具不齐全
  - 拉线金具
    - 锈蚀
      - 一般：中度锈蚀
      - 严重：严重锈蚀

- 附件
  - 接地体
    - 锈蚀
      - 一般：轻度锈蚀(大于截面直径或厚度10%，小于20%)
      - 严重：中度锈蚀(大于截面直径或厚度20%，小于30%)
      - 危急：严重锈蚀(大于截面直径或厚度30%)
    - 连接不良
      - 一般：无明显接地
      - 严重：连接松动、接地不良
      - 危急：出现断开、断裂
  - 防雷金具、故障指示器
    - 防雷金具、故障指示器安装不牢靠
      - 一般：防雷金具、故障指示器位移

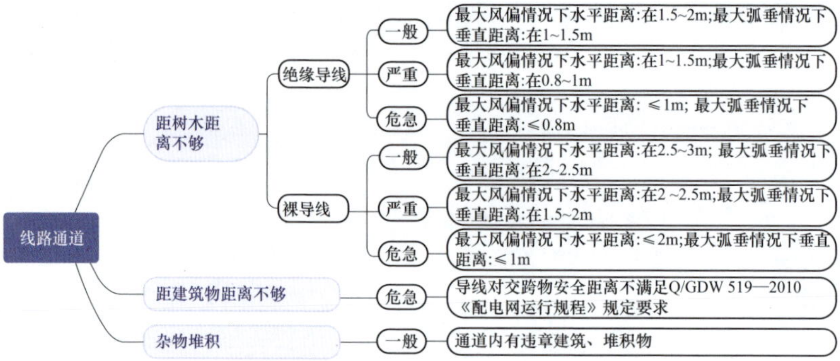

- 线路通道
  - 距树木距离不够
    - 绝缘导线
      - 一般：最大风偏情况下水平距离:在1.5~2m;最大弧垂情况下垂直距离:在1~1.5m
      - 严重：最大风偏情况下水平距离:在1~1.5m;最大弧垂情况下垂直距离:在0.8~1m
      - 危急：最大风偏情况下水平距离: ≤1m; 最大弧垂情况下≤0.8m
    - 裸导线
      - 一般：最大风偏情况下水平距离:在2.5~3m; 最大弧垂情况下垂直距离:在2~2.5m
      - 严重：最大风偏情况下水平距离:在2 ~2.5m;最大弧垂情况下垂直距离:在1.5~2m
      - 危急：最大风偏情况下水平距离:≤2m;最大弧垂情况下垂直距离:≤1m
  - 距建筑物距离不够
    - 危急：导线对交跨物安全距离不满足Q/GDW 519—2010《配电网运行规程》规定要求
  - 杂物堆积
    - 一般：通道内有违章建筑、堆积物

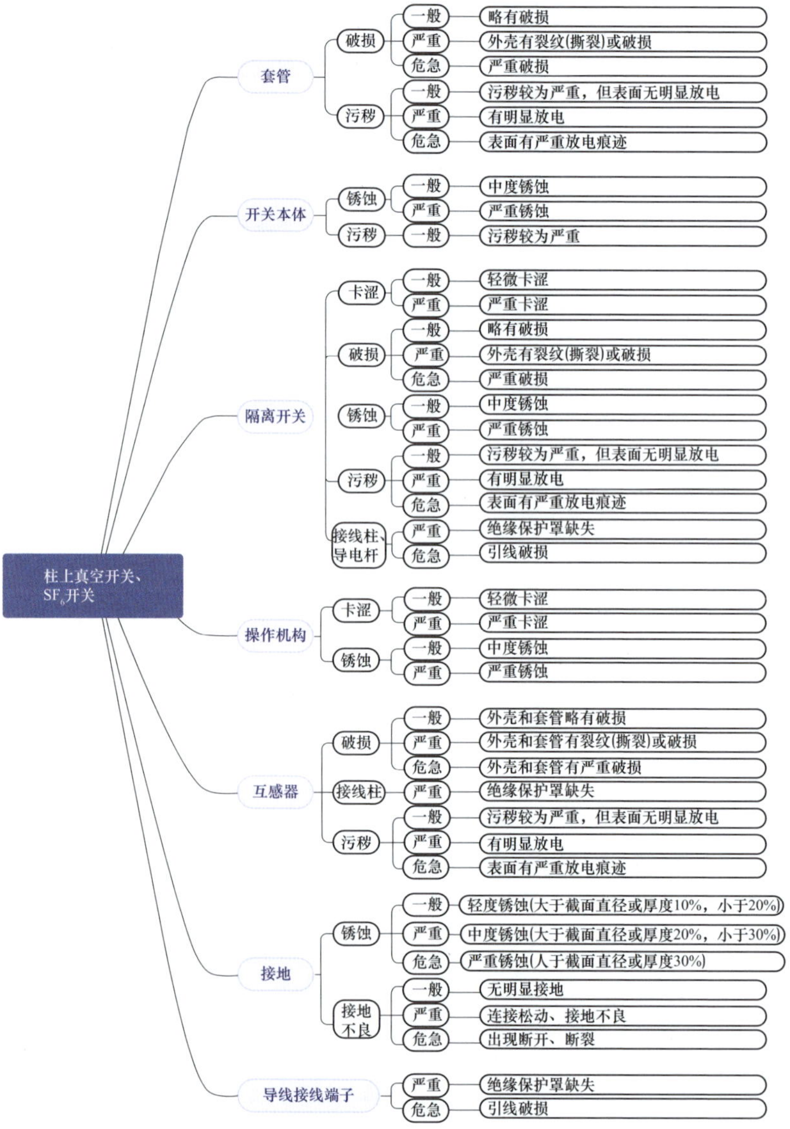

- 柱上真空开关、SF_6开关
  - 套管
    - 破损
      - 一般：略有破损
      - 严重：外壳有裂纹(撕裂)或破损
      - 危急：严重破损
    - 污秽
      - 一般：污秽较为严重，但表面无明显放电
      - 严重：有明显放电
      - 危急：表面有严重放电痕迹
  - 开关本体
    - 锈蚀
      - 一般：中度锈蚀
      - 严重：严重锈蚀
    - 污秽
      - 一般：污秽较为严重
  - 隔离开关
    - 卡涩
      - 一般：轻微卡涩
      - 严重：严重卡涩
    - 破损
      - 一般：略有破损
      - 严重：外壳有裂纹(撕裂)或破损
      - 危急：严重破损
    - 锈蚀
      - 一般：中度锈蚀
      - 严重：严重锈蚀
    - 污秽
      - 一般：污秽较为严重，但表面无明显放电
      - 严重：有明显放电
      - 危急：表面有严重放电痕迹
    - 接线柱、导电杆
      - 严重：绝缘保护罩缺失
      - 危急：引线破损
  - 操作机构
    - 卡涩
      - 一般：轻微卡涩
      - 严重：严重卡涩
    - 锈蚀
      - 一般：中度锈蚀
      - 严重：严重锈蚀
  - 互感器
    - 破损
      - 一般：外壳和套管略有破损
      - 严重：外壳和套管有裂纹(撕裂)或破损
      - 危急：外壳和套管有严重破损
    - 接线柱
      - 严重：绝缘保护罩缺失
    - 污秽
      - 一般：污秽较为严重，但表面无明显放电
      - 严重：有明显放电
      - 危急：表面有严重放电痕迹
  - 接地
    - 锈蚀
      - 一般：轻度锈蚀(大于截面直径或厚度10%，小于20%)
      - 严重：中度锈蚀(大于截面直径或厚度20%，小于30%)
      - 危急：严重锈蚀(人于截面直径或厚度30%)
    - 接地不良
      - 一般：无明显接地
      - 严重：连接松动、接地不良
      - 危急：出现断开、断裂
  - 导线接线端子
    - 严重：绝缘保护罩缺失
    - 危急：引线破损

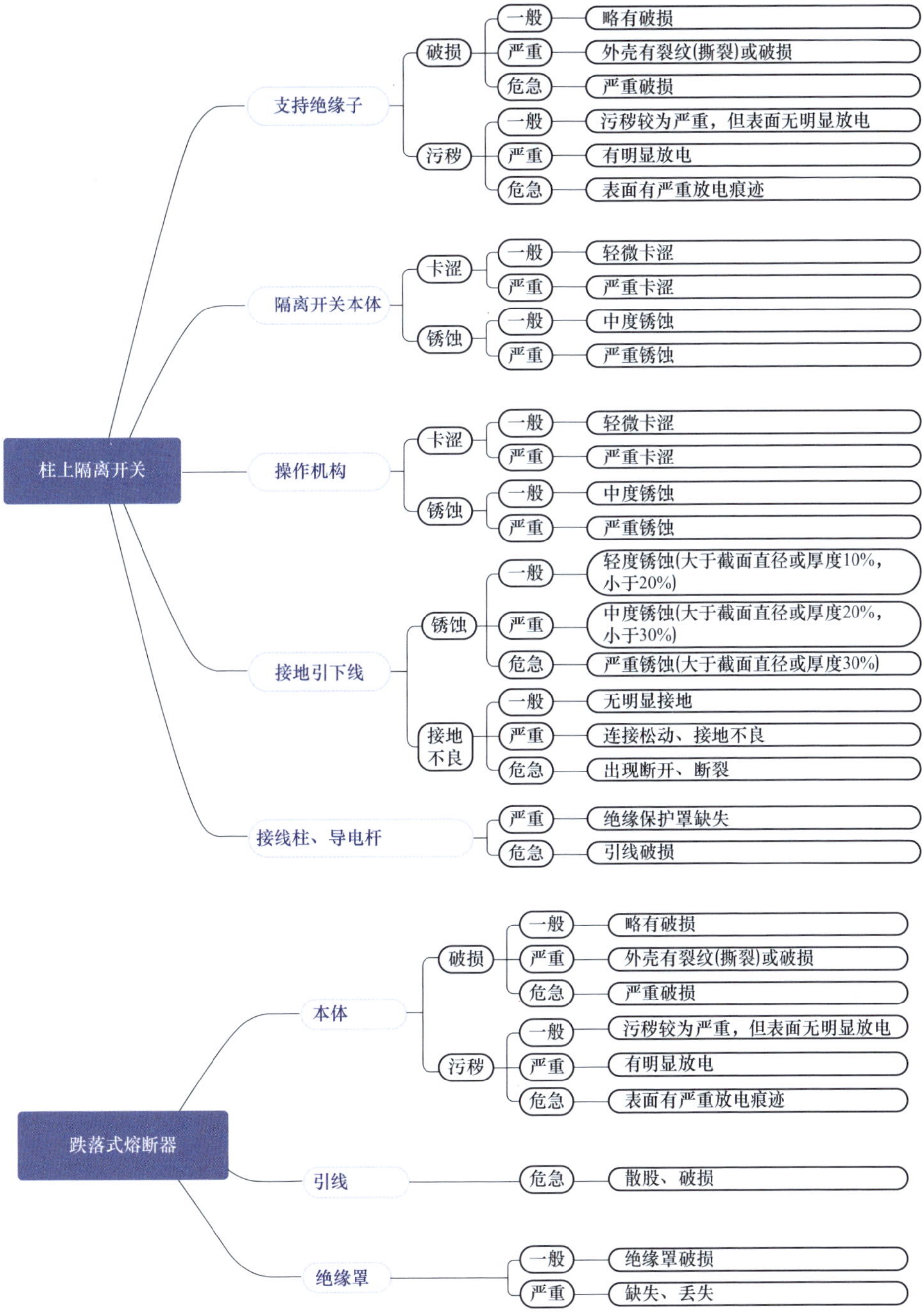

- 柱上隔离开关
  - 支持绝缘子
    - 破损
      - 一般：略有破损
      - 严重：外壳有裂纹(撕裂)或破损
      - 危急：严重破损
    - 污秽
      - 一般：污秽较为严重，但表面无明显放电
      - 严重：有明显放电
      - 危急：表面有严重放电痕迹
  - 隔离开关本体
    - 卡涩
      - 一般：轻微卡涩
      - 严重：严重卡涩
    - 锈蚀
      - 一般：中度锈蚀
      - 严重：严重锈蚀
  - 操作机构
    - 卡涩
      - 一般：轻微卡涩
      - 严重：严重卡涩
    - 锈蚀
      - 一般：中度锈蚀
      - 严重：严重锈蚀
  - 接地引下线
    - 锈蚀
      - 一般：轻度锈蚀(大于截面直径或厚度10%，小于20%)
      - 严重：中度锈蚀(大于截面直径或厚度20%，小于30%)
      - 危急：严重锈蚀(大于截面直径或厚度30%)
    - 接地不良
      - 一般：无明显接地
      - 严重：连接松动、接地不良
      - 危急：出现断开、断裂
  - 接线柱、导电杆
    - 严重：绝缘保护罩缺失
    - 危急：引线破损

- 跌落式熔断器
  - 本体
    - 破损
      - 一般：略有破损
      - 严重：外壳有裂纹(撕裂)或破损
      - 危急：严重破损
    - 污秽
      - 一般：污秽较为严重，但表面无明显放电
      - 严重：有明显放电
      - 危急：表面有严重放电痕迹
  - 引线
    - 危急：散股、破损
  - 绝缘罩
    - 一般：绝缘罩破损
    - 严重：缺失、丢失

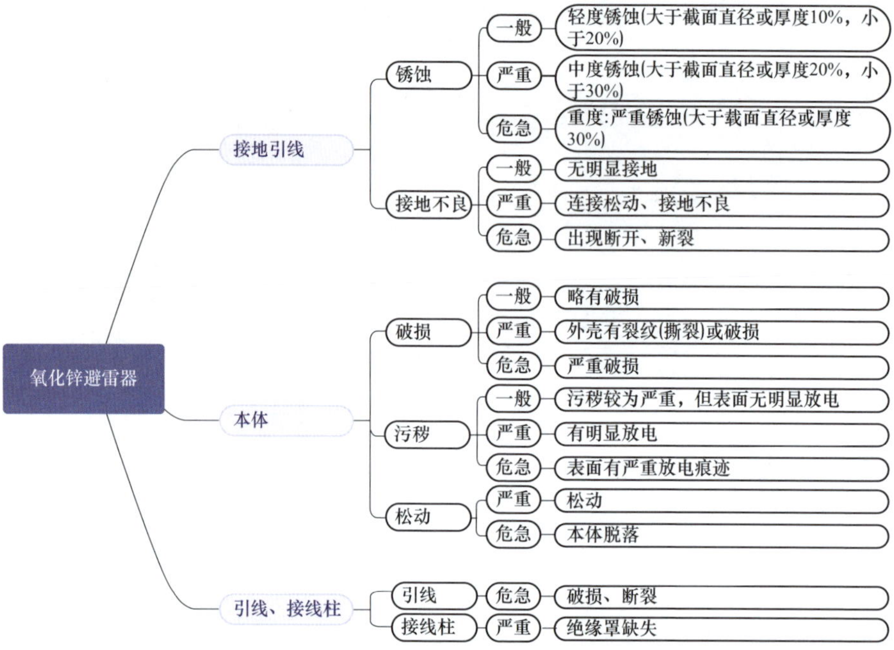

- 氧化锌避雷器
  - 接地引线
    - 锈蚀
      - 一般：轻度锈蚀(大于截面直径或厚度10%，小于20%)
      - 严重：中度锈蚀(大于截面直径或厚度20%，小于30%)
      - 危急：重度:严重锈蚀(大于载面直径或厚度30%)
    - 接地不良
      - 一般：无明显接地
      - 严重：连接松动、接地不良
      - 危急：出现断开、新裂
  - 本体
    - 破损
      - 一般：略有破损
      - 严重：外壳有裂纹(撕裂)或破损
      - 危急：严重破损
    - 污秽
      - 一般：污秽较为严重，但表面无明显放电
      - 严重：有明显放电
      - 危急：表面有严重放电痕迹
    - 松动
      - 严重：松动
      - 危急：本体脱落
  - 引线、接线柱
    - 引线
      - 危急：破损、断裂
    - 接线柱
      - 严重：绝缘罩缺失

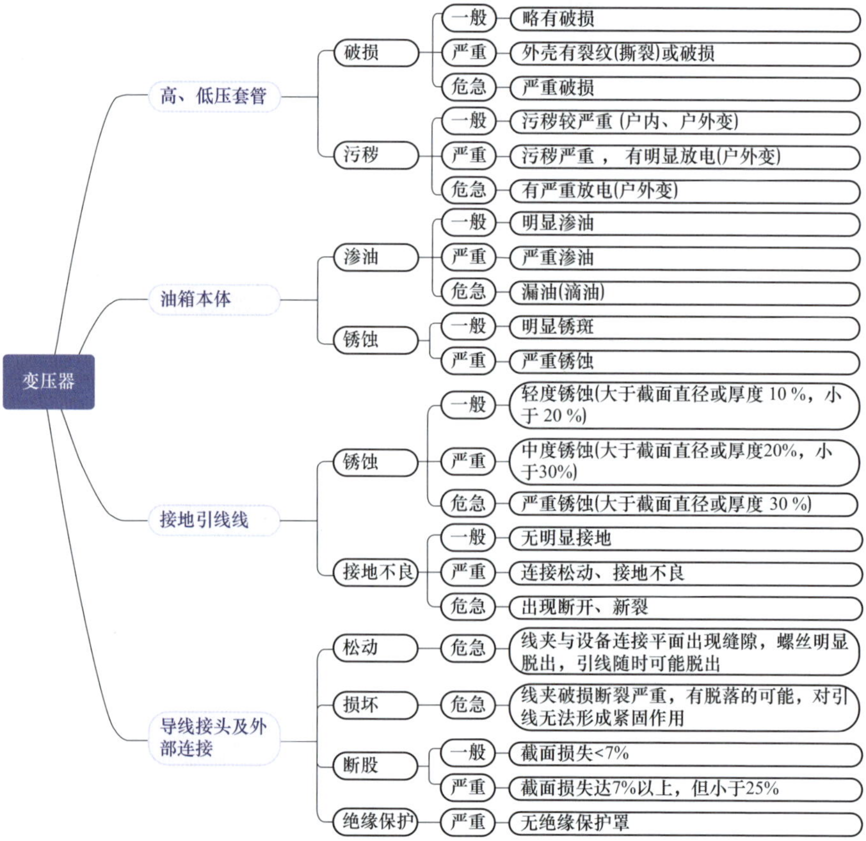

- 变压器
  - 高、低压套管
    - 破损
      - 一般：略有破损
      - 严重：外壳有裂纹(撕裂)或破损
      - 危急：严重破损
    - 污秽
      - 一般：污秽较严重 (户内、户外变)
      - 严重：污秽严重， 有明显放电(户外变)
      - 危急：有严重放电(户外变)
  - 油箱本体
    - 渗油
      - 一般：明显渗油
      - 严重：严重渗油
      - 危急：漏油(滴油)
    - 锈蚀
      - 一般：明显锈斑
      - 严重：严重锈蚀
  - 接地引线线
    - 锈蚀
      - 一般：轻度锈蚀(大于截面直径或厚度 10 %，小于 20 %)
      - 严重：中度锈蚀(大于截面直径或厚度20%，小于30%)
      - 危急：严重锈蚀(大于截面直径或厚度 30 %)
    - 接地不良
      - 一般：无明显接地
      - 严重：连接松动、接地不良
      - 危急：出现断开、新裂
  - 导线接头及外部连接
    - 松动
      - 危急：线夹与设备连接平面出现缝隙，螺丝明显脱出，引线随时可能脱出
    - 损坏
      - 危急：线夹破损断裂严重，有脱落的可能，对引线无法形成紧固作用
    - 断股
      - 一般：截面损失<7%
      - 严重：截面损失达7%以上，但小于25%
    - 绝缘保护
      - 严重：无绝缘保护罩

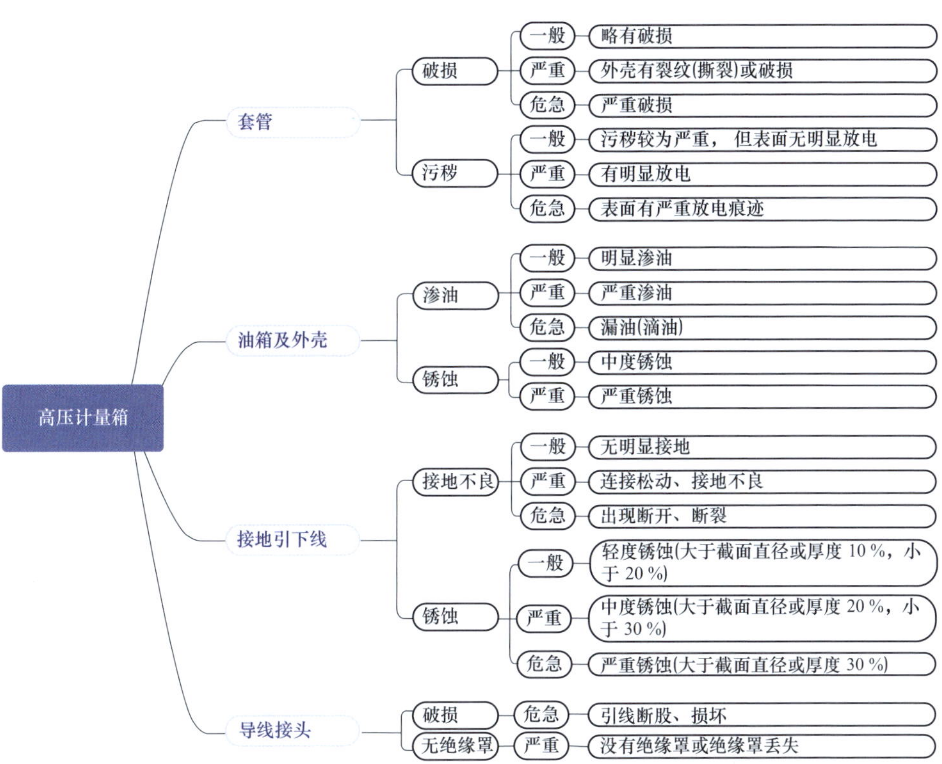
高压计量箱
套管
破损
一般
略有破损
严重
外壳有裂纹(撕裂)或破损
危急
严重破损
污秽
一般
污秽较为严重，但表面无明显放电
严重
有明显放电
危急
表面有严重放电痕迹
油箱及外壳
渗油
一般
明显渗油
严重
严重渗油
危急
漏油(滴油)
锈蚀
一般
中度锈蚀
严重
严重锈蚀
接地引下线
接地不良
一般
无明显接地
严重
连接松动、接地不良
危急
出现断开、断裂
锈蚀
一般
轻度锈蚀(大于截面直径或厚度 10 %，小于 20 %)
严重
中度锈蚀(大于截面直径或厚度 20 %，小于 30 %)
危急
严重锈蚀(大于截面直径或厚度 30 %)
导线接头
破损
危急
引线断股、损坏
无绝缘罩
严重
没有绝缘罩或绝缘罩丢失

4.10.2 按缺陷类别维度

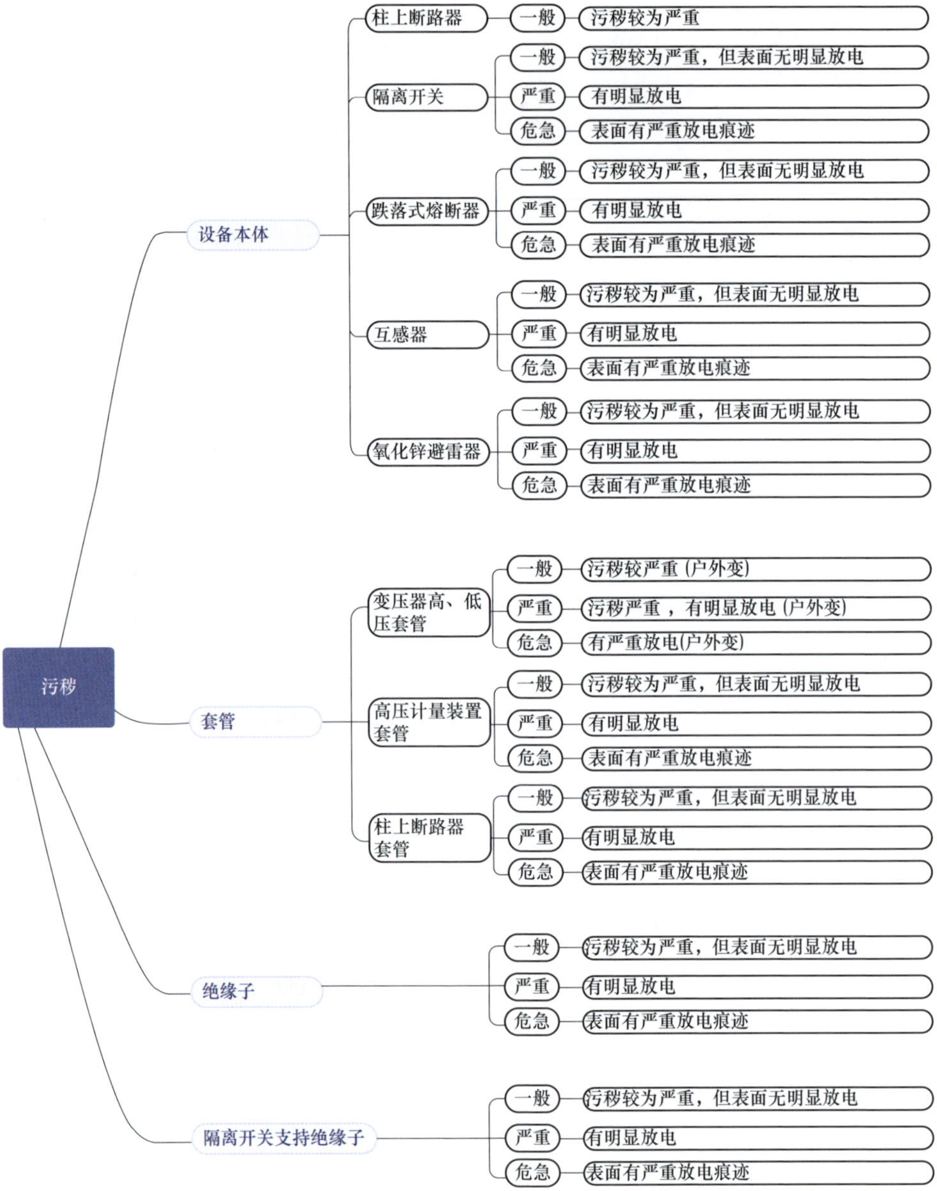

- 污秽
  - 设备本体
    - 柱上断路器
      - 一般：污秽较为严重
    - 隔离开关
      - 一般：污秽较为严重，但表面无明显放电
      - 严重：有明显放电
      - 危急：表面有严重放电痕迹
    - 跌落式熔断器
      - 一般：污秽较为严重，但表面无明显放电
      - 严重：有明显放电
      - 危急：表面有严重放电痕迹
    - 互感器
      - 一般：污秽较为严重，但表面无明显放电
      - 严重：有明显放电
      - 危急：表面有严重放电痕迹
    - 氧化锌避雷器
      - 一般：污秽较为严重，但表面无明显放电
      - 严重：有明显放电
      - 危急：表面有严重放电痕迹
  - 套管
    - 变压器高、低压套管
      - 一般：污秽较严重 (户外变)
      - 严重：污秽严重 ，有明显放电 (户外变)
      - 危急：有严重放电(户外变)
    - 高压计量装置套管
      - 一般：污秽较为严重，但表面无明显放电
      - 严重：有明显放电
      - 危急：表面有严重放电痕迹
    - 柱上断路器套管
      - 一般：污秽较为严重，但表面无明显放电
      - 严重：有明显放电
      - 危急：表面有严重放电痕迹
  - 绝缘子
    - 一般：污秽较为严重，但表面无明显放电
    - 严重：有明显放电
    - 危急：表面有严重放电痕迹
  - 隔离开关支持绝缘子
    - 一般：污秽较为严重，但表面无明显放电
    - 严重：有明显放电
    - 危急：表面有严重放电痕迹

- 锈蚀
  - 设备本体
    - 变压器
      - 一般：明显锈蚀
      - 严重：严重锈蚀
    - 高压计量装置
      - 一般：中度锈蚀
      - 严重：严重锈蚀
    - 柱上开关
      - 一般：中度锈蚀
      - 严重：严重锈蚀
    - 隔离开关
      - 一般：中度锈蚀
      - 严重：严重锈蚀
  - 操作机构
    - 柱上开关
      - 一般：中度锈蚀
      - 严重：严重锈蚀
    - 隔离开关
      - 一般：中度锈蚀
      - 严重：严重锈蚀
  - 接地线
    - 柱上开关
      - 一般：轻度锈蚀(大于截面直径或厚度10%，小于20%)
      - 严重：中度锈蚀(大于截面直径或厚度20%，小于30%)
      - 危急：严重锈蚀(大于截面直径或厚度30%)
    - 隔离开关
      - 一般：轻度锈蚀(大于截面直径或厚度10%，小于20%)
      - 严重：中度锈蚀(大于截面直径或厚度20%，小于30%)
      - 危急：严重锈蚀(大于截面直径或厚度30%)
    - 氧化锌避雷器
      - 一般：轻度锈蚀(大于截面直径或厚度10%，小于20%)
      - 严重：中度锈蚀(大于截面直径或厚度20%，小于30%)
      - 危急：重度：严重锈蚀(大于截面直径或厚度30%)
    - 变压器
      - 一般：轻度锈蚀(大于截面直径或厚度10%，小于20%)
      - 严重：中度锈蚀(大于截面直径或厚度20%，小于30%)
      - 危急：严重锈蚀(大于截面直径或厚度30%)
    - 高压计量装置
      - 一般：轻度锈蚀(大于截面直径或厚度10%，小于20%)
      - 严重：中度锈蚀(大于截面直径或厚度20%，小于30%)
      - 危急：严重锈蚀(大于截面直径或厚度30%)
  - 铁件、金具
    - 线夹
      - 一般：线夹有锈蚀
      - 严重：严重锈蚀(起皮和严重麻点，锈蚀面积超过1/2)
    - 连接件
      - 一般：连接金具有锈蚀
      - 严重：连接金具严重锈蚀(起皮和严重麻点，锈蚀面积超过1/2)
      - 危急：连接金具挂板、球头锈蚀严重，弹簧销脱出或生锈失效
    - 横担
      - 一般：横担严重锈蚀(起皮和严重麻点，锈蚀面积超过1/2)
  - 导线
    - 裸导线
      - 一般：导线中度锈蚀
      - 严重：导线严重锈蚀
  - 杆塔
    - 杆塔本体
      - 一般：杆塔镀锌层脱落、开裂，塔材中度锈蚀(铁塔)
      - 严重：杆塔镀锌层脱落、开裂，塔材重度锈蚀(铁塔)
    - 接地体
      - 一般：轻度锈蚀(大于截面直径或厚度10%，小于20%)
      - 严重：中度锈蚀(大于截面直径或厚度20%，小于30%)
      - 危急：严重锈蚀(大于截面直径或厚度30%)
  - 拉线
    - 钢绞线
      - 一般：中度锈蚀
      - 严重：严重锈蚀
    - 拉线金具
      - 一般：中度锈蚀
      - 严重：严重锈蚀

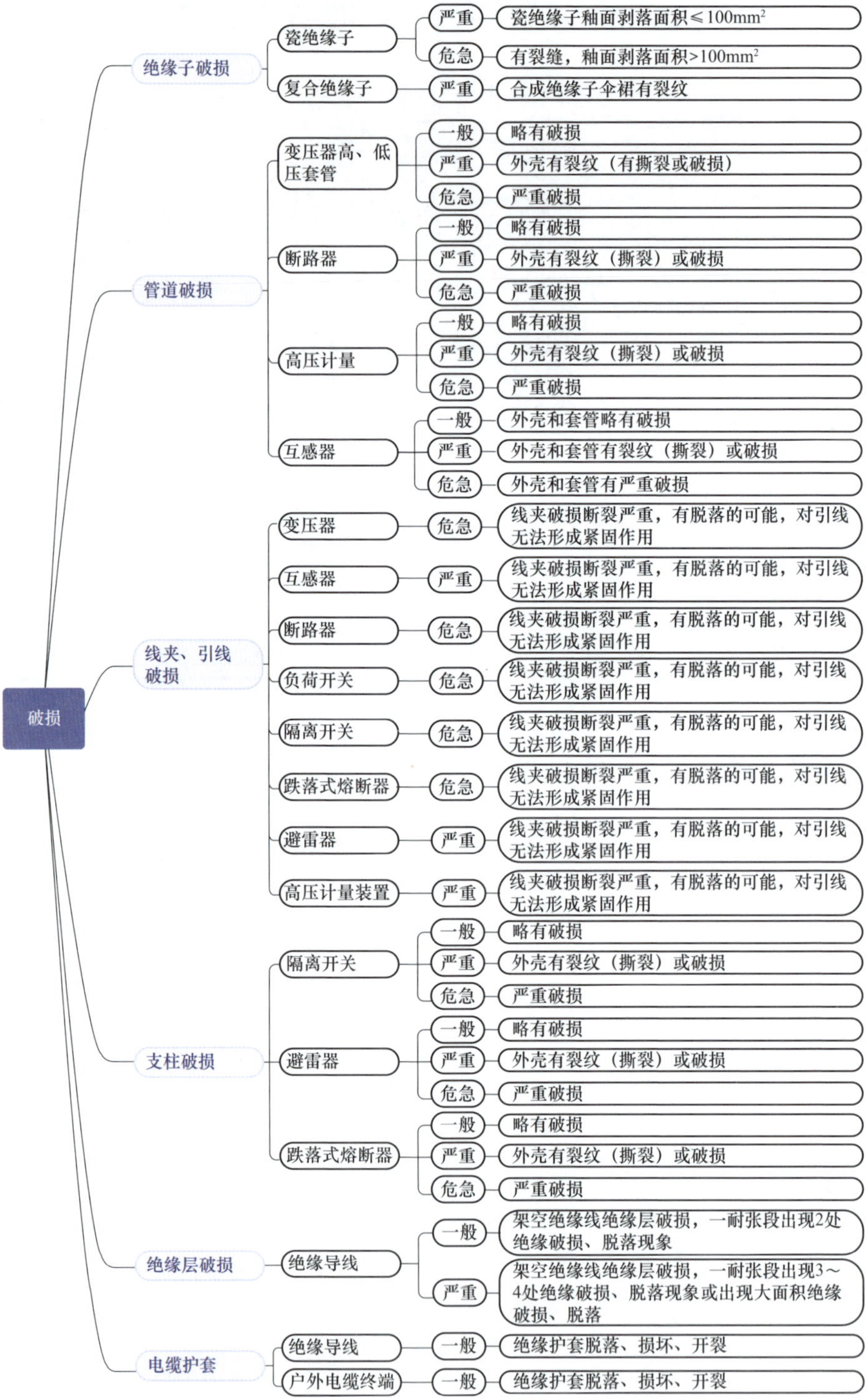

- 破损
  - 绝缘子破损
    - 瓷绝缘子
      - 严重：瓷绝缘子釉面剥落面积≤100mm²
      - 危急：有裂缝，釉面剥落面积>100mm²
    - 复合绝缘子
      - 严重：合成绝缘子伞裙有裂纹
  - 管道破损
    - 变压器高、低压套管
      - 一般：略有破损
      - 严重：外壳有裂纹（有撕裂或破损）
      - 危急：严重破损
    - 断路器
      - 一般：略有破损
      - 严重：外壳有裂纹（撕裂）或破损
      - 危急：严重破损
    - 高压计量
      - 一般：略有破损
      - 严重：外壳有裂纹（撕裂）或破损
      - 危急：严重破损
    - 互感器
      - 一般：外壳和套管略有破损
      - 严重：外壳和套管有裂纹（撕裂）或破损
      - 危急：外壳和套管有严重破损
  - 线夹、引线破损
    - 变压器
      - 危急：线夹破损断裂严重，有脱落的可能，对引线无法形成紧固作用
    - 互感器
      - 严重：线夹破损断裂严重，有脱落的可能，对引线无法形成紧固作用
    - 断路器
      - 危急：线夹破损断裂严重，有脱落的可能，对引线无法形成紧固作用
    - 负荷开关
      - 危急：线夹破损断裂严重，有脱落的可能，对引线无法形成紧固作用
    - 隔离开关
      - 危急：线夹破损断裂严重，有脱落的可能，对引线无法形成紧固作用
    - 跌落式熔断器
      - 危急：线夹破损断裂严重，有脱落的可能，对引线无法形成紧固作用
    - 避雷器
      - 严重：线夹破损断裂严重，有脱落的可能，对引线无法形成紧固作用
    - 高压计量装置
      - 严重：线夹破损断裂严重，有脱落的可能，对引线无法形成紧固作用
  - 支柱破损
    - 隔离开关
      - 一般：略有破损
      - 严重：外壳有裂纹（撕裂）或破损
      - 危急：严重破损
    - 避雷器
      - 一般：略有破损
      - 严重：外壳有裂纹（撕裂）或破损
      - 危急：严重破损
    - 跌落式熔断器
      - 一般：略有破损
      - 严重：外壳有裂纹（撕裂）或破损
      - 危急：严重破损
  - 绝缘层破损
    - 绝缘导线
      - 一般：架空绝缘线绝缘层破损，一耐张段出现2处绝缘破损、脱落现象
      - 严重：架空绝缘线绝缘层破损，一耐张段出现3～4处绝缘破损、脱落现象或出现大面积绝缘破损、脱落
  - 电缆护套
    - 绝缘导线
      - 一般：绝缘护套脱落、损坏、开裂
    - 户外电缆终端
      - 一般：绝缘护套脱落、损坏、开裂

- 断裂
  - 引线接线柱侧断裂
    - 氧化性避雷器
      - 固定式氧化锌避雷器 — 危急 — 上引线断裂，起不到避雷作用
      - 可卸式氧化性避雷器 — 危急 — 上引线断裂，起不到避雷作用
  - 并线侧断裂
    - 氧化锌避雷器 — 危急 — 避雷器不起作用
    - 无功补偿设备 — 危急 — 无功补偿设备不起作用
    - 电压互感器(PT) — 危急 — 互感器不起作用
  - 接地体断裂
    - 柱上开关 — 危急 — 出现断开、断裂
    - 柱上隔离开关 — 危急 — 出现断开、断裂
    - 氧化锌避雷器 — 危急 — 出现断开、断裂
    - 变压器 — 危急 — 出现断开、断裂
    - 高压计量箱 — 危急 — 出现断开、断裂
    - 杆塔 — 危急 — 出现断开、断裂

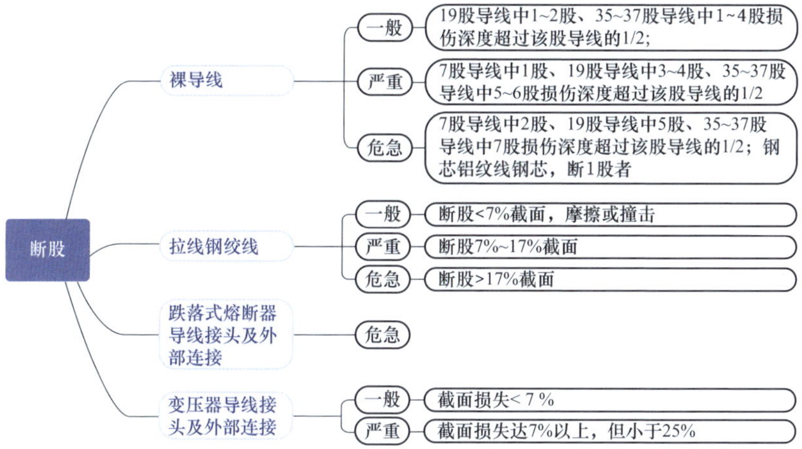

- 断股
  - 裸导线
    - 一般 — 19股导线中1~2股、35~37股导线中1~4股损伤深度超过该股导线的1/2;
    - 严重 — 7股导线中1股、19股导线中3~4股、35~37股导线中5~6股损伤深度超过该股导线的1/2
    - 危急 — 7股导线中2股、19股导线中5股、35~37股导线中7股损伤深度超过该股导线的1/2；钢芯铝绞线钢芯，断1股者
  - 拉线钢绞线
    - 一般 — 断股<7%截面，摩擦或撞击
    - 严重 — 断股7%~17%截面
    - 危急 — 断股>17%截面
  - 跌落式熔断器导线接头及外部连接
    - 危急
  - 变压器导线接头及外部连接
    - 一般 — 截面损失< 7 %
    - 严重 — 截面损失达7%以上，但小于25%

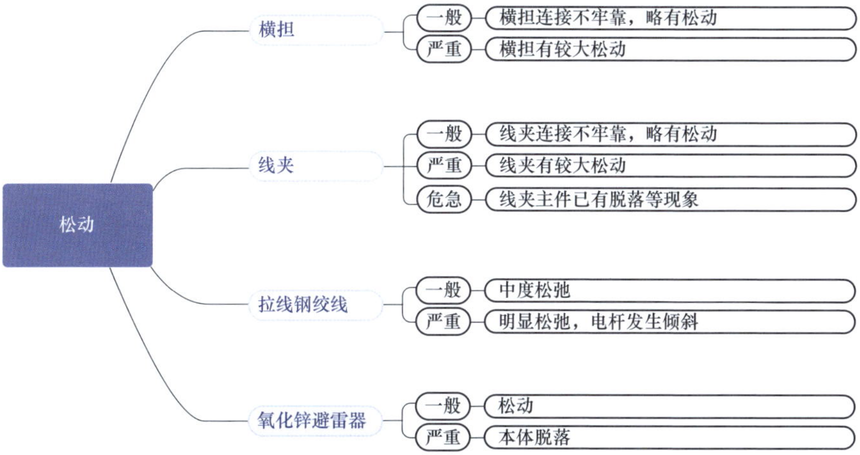

- 松动
  - 横担
    - 一般 — 横担连接不牢靠，略有松动
    - 严重 — 横担有较大松动
  - 线夹
    - 一般 — 线夹连接不牢靠，略有松动
    - 严重 — 线夹有较大松动
    - 危急 — 线夹主件已有脱落等现象
  - 拉线钢绞线
    - 一般 — 中度松弛
    - 严重 — 明显松弛，电杆发生倾斜
  - 氧化锌避雷器
    - 一般 — 松动
    - 严重 — 本体脱落

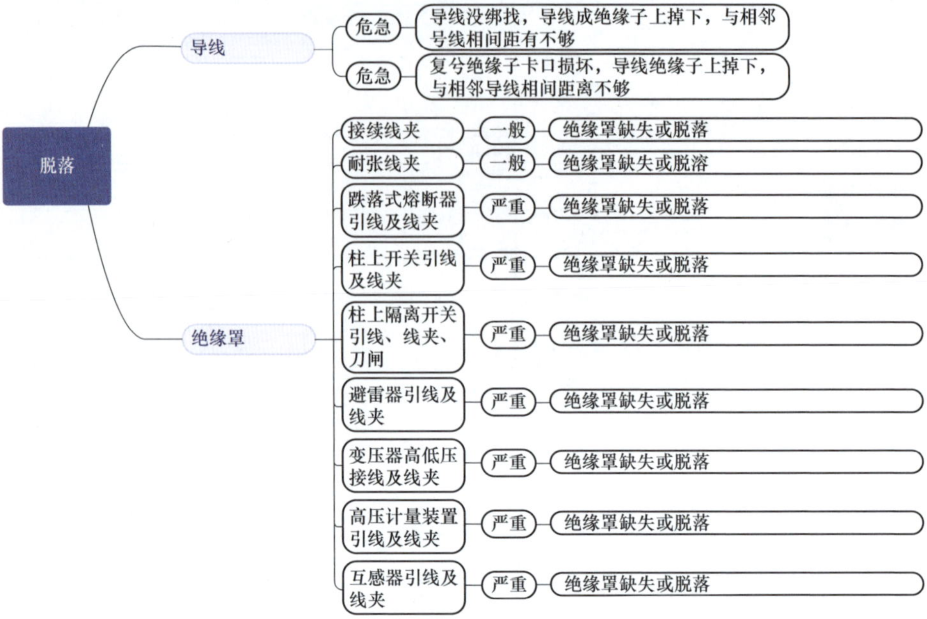

- 脱落
  - 导线
    - 危急：导线没绑找，导线成绝缘子上掉下，与相邻号线相间距有不够
    - 危急：复兮绝缘子卡口损坏，导线绝缘子上掉下，与相邻导线相间距离不够
  - 绝缘罩
    - 接续线夹 — 一般：绝缘罩缺失或脱落
    - 耐张线夹 — 一般：绝缘罩缺失或脱溶
    - 跌落式熔断器引线及线夹 — 严重：绝缘罩缺失或脱落
    - 柱上开关引线及线夹 — 严重：绝缘罩缺失或脱落
    - 柱上隔离开关引线、线夹、刀闸 — 严重：绝缘罩缺失或脱落
    - 避雷器引线及线夹 — 严重：绝缘罩缺失或脱落
    - 变压器高低压接线及线夹 — 严重：绝缘罩缺失或脱落
    - 高压计量装置引线及线夹 — 严重：绝缘罩缺失或脱落
    - 互感器引线及线夹 — 严重：绝缘罩缺失或脱落

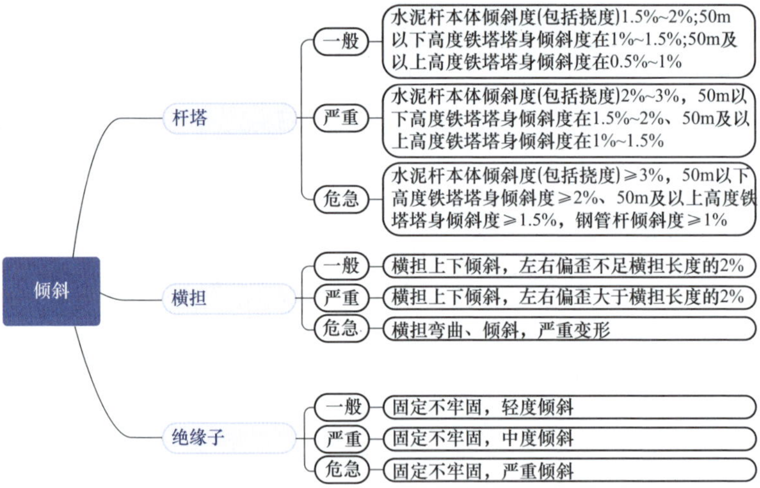

- 倾斜
  - 杆塔
    - 一般：水泥杆本体倾斜度(包括挠度)1.5%~2%;50m以下高度铁塔塔身倾斜度在1%~1.5%;50m及以上高度铁塔塔身倾斜度在0.5%~1%
    - 严重：水泥杆本体倾斜度(包括挠度)2%~3%，50m以下高度铁塔塔身倾斜度在1.5%~2%、50m及以上高度铁塔塔身倾斜度在1%~1.5%
    - 危急：水泥杆本体倾斜度(包括挠度)≥3%，50m以下高度铁塔塔身倾斜度≥2%、50m及以上高度铁塔塔身倾斜度≥1.5%，钢管杆倾斜度≥1%
  - 横担
    - 一般：横担上下倾斜，左右偏歪不足横担长度的2%
    - 严重：横担上下倾斜，左右偏歪大于横担长度的2%
    - 危急：横担弯曲、倾斜，严重变形
  - 绝缘子
    - 一般：固定不牢固，轻度倾斜
    - 严重：固定不牢固，中度倾斜
    - 危急：固定不牢固，严重倾斜

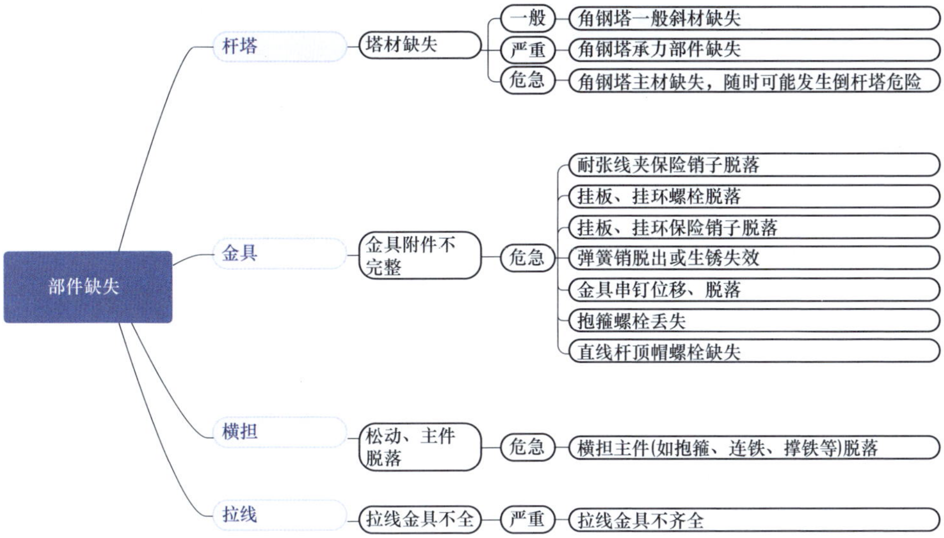

- 部件缺失
  - 杆塔
    - 塔材缺失
      - 一般：角钢塔一般斜材缺失
      - 严重：角钢塔承力部件缺失
      - 危急：角钢塔主材缺失，随时可能发生倒杆塔危险
  - 金具
    - 金具附件不完整
      - 危急
        - 耐张线夹保险销子脱落
        - 挂板、挂环螺栓脱落
        - 挂板、挂环保险销子脱落
        - 弹簧销脱出或生锈失效
        - 金具串钉位移、脱落
        - 抱箍螺栓丢失
        - 直线杆顶帽螺栓缺失
  - 横担
    - 松动、主件脱落
      - 危急：横担主件(如抱箍、连铁、撑铁等)脱落
  - 拉线
    - 拉线金具不全
      - 严重：拉线金具不齐全

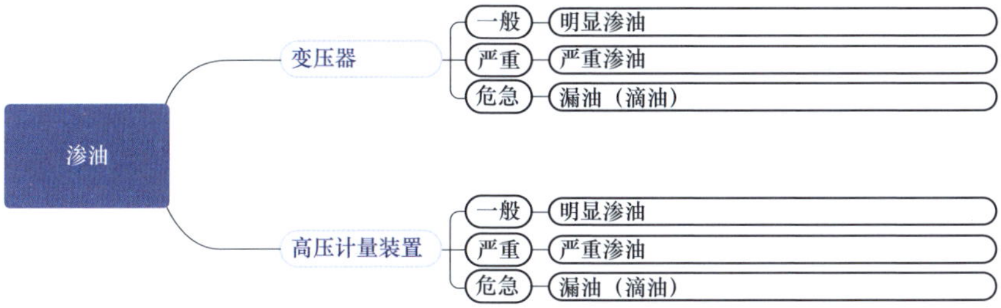

- 渗油
  - 变压器
    - 一般：明显渗油
    - 严重：严重渗油
    - 危急：漏油（滴油）
  - 高压计量装置
    - 一般：明显渗油
    - 严重：严重渗油
    - 危急：漏油（滴油）

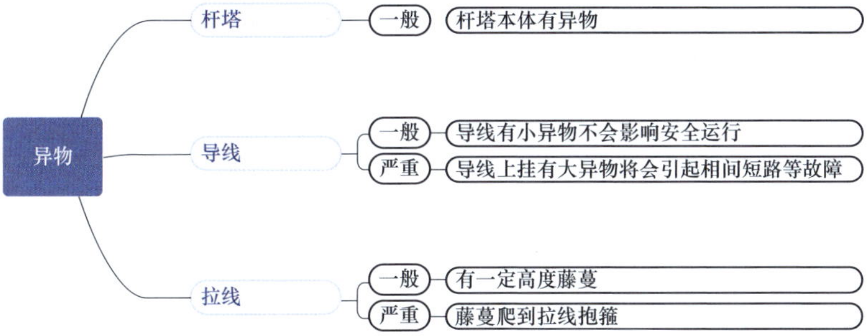

- 异物
  - 杆塔
    - 一般：杆塔本体有异物
  - 导线
    - 一般：导线有小异物不会影响安全运行
    - 严重：导线上挂有大异物将会引起相间短路等故障
  - 拉线
    - 一般：有一定高度藤蔓
    - 严重：藤蔓爬到拉线抱箍

4.10.3 按缺陷等级维度

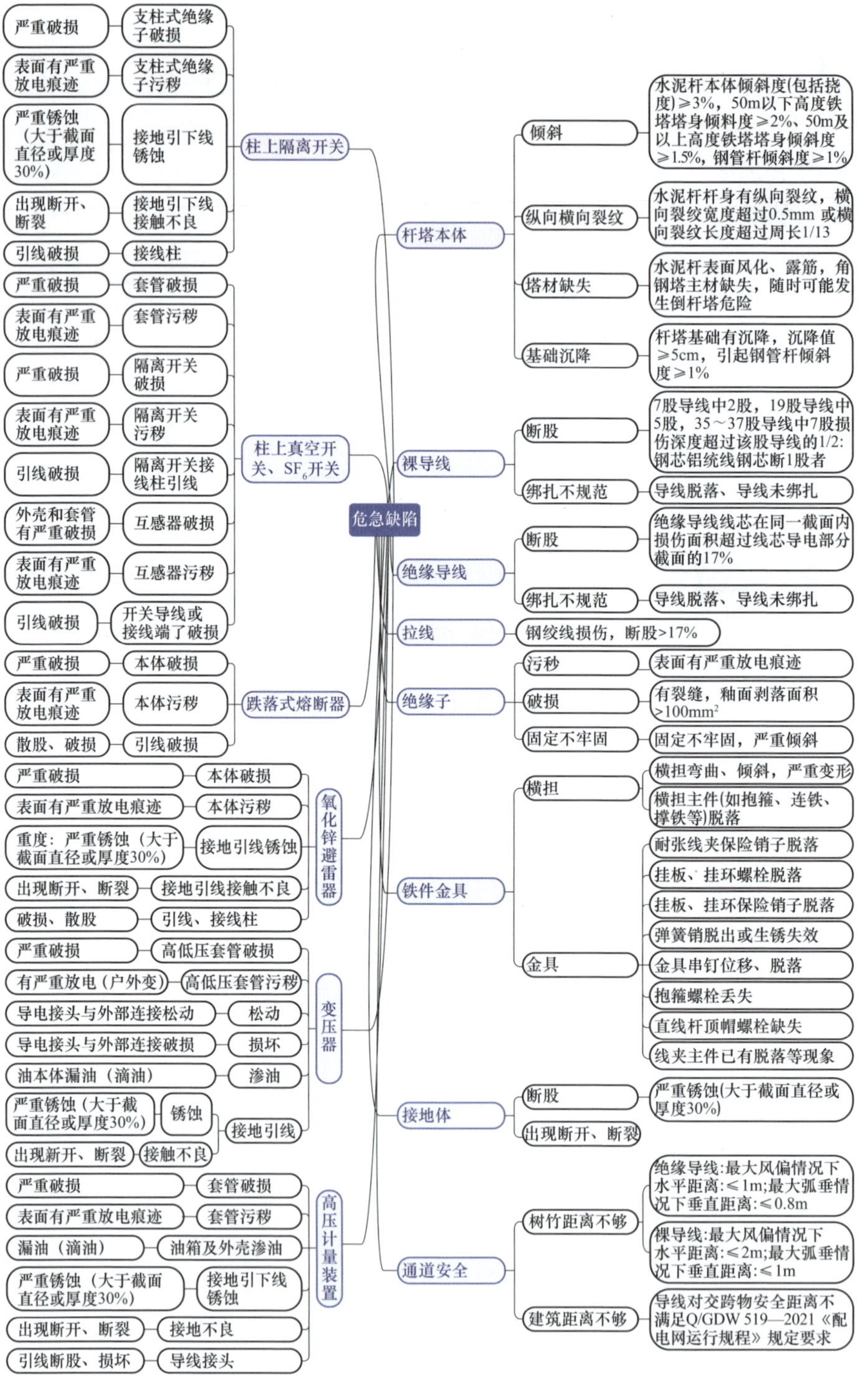

- 危急缺陷
  - 柱上隔离开关
    - 支柱式绝缘子破损：严重破损
    - 支柱式绝缘子污秽：表面有严重放电痕迹
    - 接地引下线锈蚀：严重锈蚀（大于截面直径或厚度30%）
    - 接地引下线接触不良：出现断开、断裂
    - 接线柱：引线破损
  - 柱上真空开关、SF_6开关
    - 套管破损：严重破损
    - 套管污秽：表面有严重放电痕迹
    - 隔离开关破损：严重破损
    - 隔离开关污秽：表面有严重放电痕迹
    - 隔离开关接线柱引线：引线破损
    - 互感器破损：外壳和套管有严重破损
    - 互感器污秽：表面有严重放电痕迹
    - 开关导线或接线端了破损：引线破损
  - 跌落式熔断器
    - 本体破损：严重破损
    - 本体污秽：表面有严重放电痕迹
    - 引线破损：散股、破损
  - 氧化锌避雷器
    - 本体破损：严重破损
    - 本体污秽：表面有严重放电痕迹
    - 接地引线锈蚀：重度：严重锈蚀（大于截面直径或厚度30%）
    - 接地引线接触不良：出现断开、断裂
    - 引线、接线柱：破损、散股
  - 变压器
    - 高低压套管破损：严重破损
    - 高低压套管污秽：有严重放电（户外变）
    - 松动：导电接头与外部连接松动
    - 损坏：导电接头与外部连接破损
    - 渗油：油本体漏油（滴油）
    - 接地引线
      - 锈蚀：严重锈蚀（大于截面直径或厚度30%）
      - 接触不良：出现新开、断裂
  - 高压计量装置
    - 套管破损：严重破损
    - 套管污秽：表面有严重放电痕迹
    - 油箱及外壳渗油：漏油（滴油）
    - 接地引下线锈蚀：严重锈蚀（大于截面直径或厚度30%）
    - 接地不良：出现断开、断裂
    - 导线接头：引线断股、损坏
  - 杆塔本体
    - 倾斜：水泥杆本体倾斜度(包括挠度)≥3%，50m以下高度铁塔塔身倾料度≥2%、50m及以上高度铁塔塔身倾斜度≥1.5%，钢管杆倾斜度≥1%
    - 纵向横向裂纹：水泥杆杆身有纵向裂纹，横向裂纹宽度超过0.5mm 或横向裂纹长度超过周长1/13
    - 塔材缺失：水泥杆表面风化、露筋，角钢塔主材缺失，随时可能发生倒杆塔危险
    - 基础沉降：杆塔基础有沉降，沉降值≥5cm，引起钢管杆倾斜度≥1%
  - 裸导线
    - 断股：7股导线中2股，19股导线中5股，35～37股导线中7股损伤深度超过该股导线的1/2;钢芯铝绞线钢芯断1股者
    - 绑扎不规范：导线脱落、导线未绑扎
  - 绝缘导线
    - 断股：绝缘导线线芯在同一截面内损伤面积超过线芯导电部分截面的17%
    - 绑扎不规范：导线脱落、导线未绑扎
  - 拉线
    - 钢绞线损伤，断股>17%
  - 绝缘子
    - 污秽：表面有严重放电痕迹
    - 破损：有裂缝，釉面剥落面积>100mm²
    - 固定不牢固：固定不牢固，严重倾斜
  - 铁件金具
    - 横担
      - 横担弯曲、倾斜，严重变形
      - 横担主件(如抱箍、连铁、撑铁等)脱落
    - 金具
      - 耐张线夹保险销子脱落
      - 挂板、挂环螺栓脱落
      - 挂板、挂环保险销子脱落
      - 弹簧销脱出或生锈失效
      - 金具串钉位移、脱落
      - 抱箍螺栓丢失
      - 直线杆顶帽螺栓缺失
      - 线夹主件已有脱落等现象
  - 接地体
    - 断股：严重锈蚀(大于截面直径或厚度30%)
    - 出现断开、断裂
  - 通道安全
    - 树竹距离不够
      - 绝缘导线:最大风偏情况下水平距离:≤1m;最大弧垂情况下垂直距离:≤0.8m
      - 裸导线:最大风偏情况下水平距离:≤2m;最大弧垂情况下垂直距离:≤1m
    - 建筑距离不够：导线对交跨物安全距离不满足Q/GDW 519—2021《配电网运行规程》规定要求

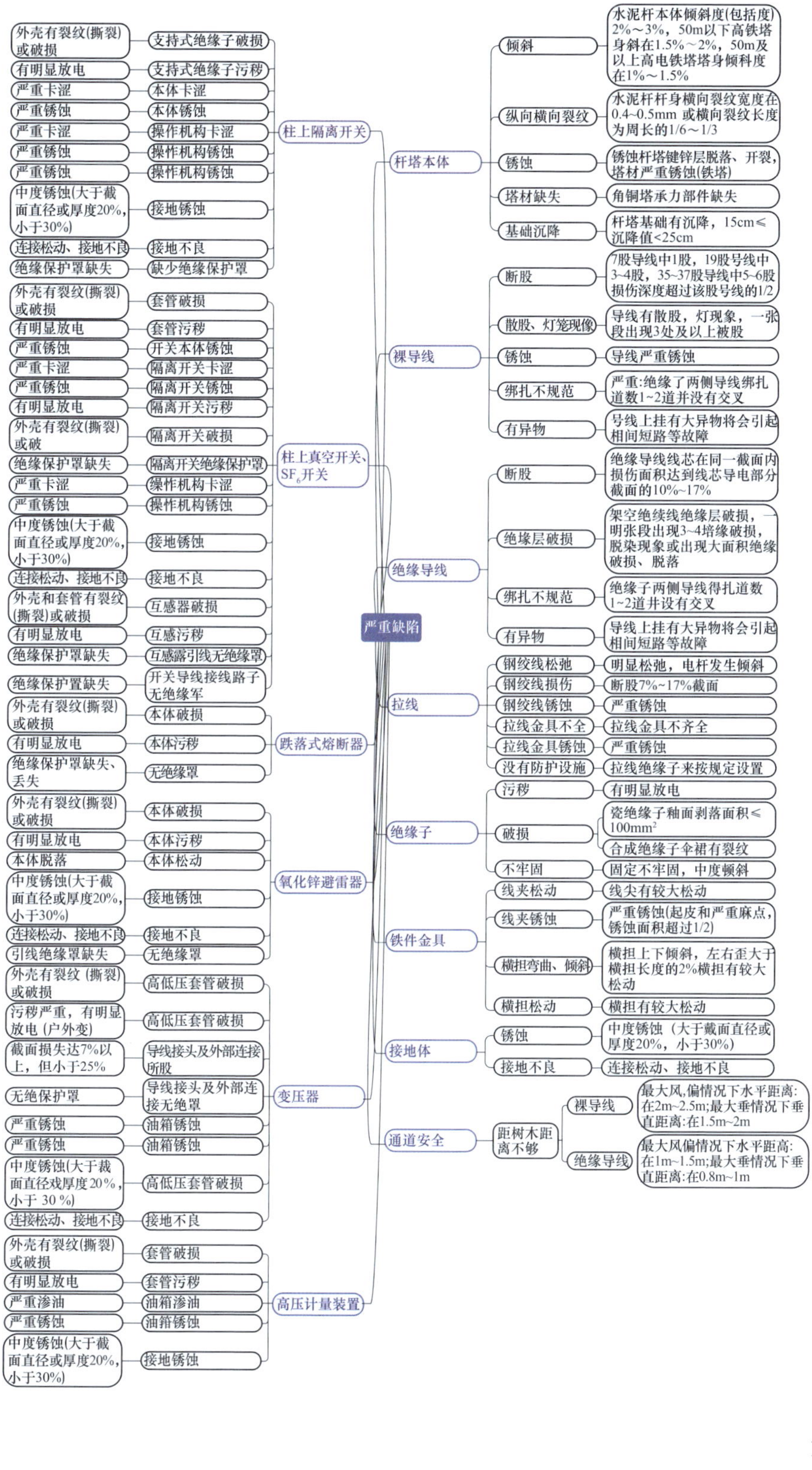

- 严重缺陷
  - 杆塔本体
    - 倾斜：水泥杆本体倾斜度(包括度)2%～3%，50m以下高铁塔身斜在1.5%～2%，50m及以上高电铁塔塔身倾科度在1%～1.5%
    - 纵向横向裂纹：水泥杆杆身横向裂纹宽度在0.4~0.5mm 或横向裂纹长度为周长的1/6～1/3
    - 锈蚀：锈蚀杆塔键锌层脱落、开裂，塔材严重锈蚀(铁塔)
    - 塔材缺失：角铜塔承力部件缺失
    - 基础沉降：杆塔基础有沉降，15cm≤沉降值<25cm
  - 裸导线
    - 断股：7股导线中1股，19股导线中3~4股，35~37股导线中5~6股损伤深度超过该股导线的1/2
    - 散股、灯笼现像：导线有散股，灯现象，一张段出现3处及以上被股
    - 锈蚀：导线严重锈蚀
    - 绑扎不规范：严重:绝缘了两侧导线绑扎道数1~2道并没有交叉
    - 有异物：号线上挂有大异物将会引起相间短路等故障
  - 绝缘导线
    - 断股：绝缘导线线芯在同一截面内损伤面积达到线芯导电部分截面的10%~17%
    - 绝缘层破损：架空绝续线绝缘层破损，一明张段出现3~4培缘破损，脱染现象或出现大面积绝缘破损、脱落
    - 绑扎不规范：绝缘子两侧导线得扎道数1~2道并没有交叉
    - 有异物：导线上挂有大异物将会引起相间短路等故障
  - 拉线
    - 钢绞线松弛：明显松弛，电杆发生倾斜
    - 钢绞线损伤：断股7%~17%截面
    - 钢绞线锈蚀：严重锈蚀
    - 拉线金具不全：拉线金具不齐全
    - 拉线金具锈蚀：严重锈蚀
    - 没有防护设施：拉线绝缘子来按规定设置
  - 绝缘子
    - 污秽：有明显放电
    - 破损：
      - 瓷绝缘子釉面剥落面积≤100mm²
      - 合成绝缘子伞裙有裂纹
    - 不牢固：固定不牢固，中度倾斜
  - 铁件金具
    - 线夹松动：线尖有较大松动
    - 线夹锈蚀：严重锈蚀(起皮和严重麻点，锈蚀面积超过1/2)
    - 横担弯曲、倾斜：横担上下倾斜，左右歪大于横担长度的2%横担有较大松动
    - 横担松动：横担有较大松动
  - 接地体
    - 锈蚀：中度锈蚀（大于戴面直径或厚度20%，小于30%）
    - 接地不良：连接松动、接地不良
  - 通道安全
    - 距树木距离不够
      - 裸导线：最大风,偏情况下水平距离:在2m~2.5m;最大垂情况下垂直距离:在1.5m~2m
      - 绝缘导线：最大风偏情况下水平距高:在1m~1.5m;最大垂情况下垂直距离:在0.8m~1m
  - 柱上隔离开关
    - 支持式绝缘子破损：外壳有裂纹(撕裂)或破损
    - 支持式绝缘子污秽：有明显放电
    - 本体卡涩：严重卡涩
    - 本体锈蚀：严重锈蚀
    - 操作机构卡涩：严重卡涩
    - 操作机构锈蚀：严重锈蚀
    - 操作机构锈蚀：严重锈蚀
    - 接地锈蚀：中度锈蚀(大于截面直径或厚度20%，小于30%)
    - 接地不良：连接松动、接地不良
    - 缺少绝缘保护罩：绝缘保护罩缺失
  - 柱上真空开关、SF_6开关
    - 套管破损：外壳有裂纹(撕裂)或破损
    - 套管污秽：有明显放电
    - 开关本体锈蚀：严重锈蚀
    - 隔离开关卡涩：严重卡涩
    - 隔离开关锈蚀：严重锈蚀
    - 隔离开关污秽：有明显放电
    - 隔离开关破损：外壳有裂纹(撕裂)或破
    - 隔离开关绝缘保护罩：绝缘保护罩缺失
    - 操作机构卡涩：严重卡涩
    - 操作机构锈蚀：严重锈蚀
    - 接地锈蚀：中度锈蚀(大于截面直径或厚度20%，小于30%)
    - 接地不良：连接松动、接地不良
    - 互感器破损：外壳和套管有裂纹(撕裂)或破损
    - 互感污秽：有明显放电
    - 互感露引线无绝缘罩：绝缘保护罩缺失
    - 开关导线接线路子无绝缘军：绝缘保护置缺失
  - 跌落式熔断器
    - 本体破损：外壳有裂纹(撕裂)或破损
    - 本体污秽：有明显放电
    - 无绝缘罩：绝缘保护罩缺失、丢失
  - 氧化锌避雷器
    - 本体破损：外壳有裂纹(撕裂)或破损
    - 本体污秽：有明显放电
    - 本体松动：本体脱落
    - 接地锈蚀：中度锈蚀(大于截面直径或厚度20%，小于30%)
    - 接地不良：连接松动、接地不良
    - 无绝缘罩：引线绝缘罩缺失
  - 变压器
    - 高低压套管破损：外壳有裂纹（撕裂）或破损
    - 高低压套管破损：污秽严重，有明显放电（户外变）
    - 导线接头及外部连接断股：截面损失达7%以上，但小于25%
    - 导线接头及外部连接无绝缘罩：无绝缘保护罩
    - 油箱锈蚀：严重锈蚀
    - 油箱锈蚀：严重锈蚀
    - 高低压套管破损：中度锈蚀(大于裁面直径戏厚度 20%，小于 30%)
    - 接地不良：连接松动、接地不良
  - 高压计量装置
    - 套管破损：外壳有裂纹(撕裂)或破损
    - 套管污秽：有明显放电
    - 油箱渗油：严重渗油
    - 油箱锈蚀：严重锈蚀
    - 接地锈蚀：中度锈蚀(大于截面直径或厚度20%，小于30%)

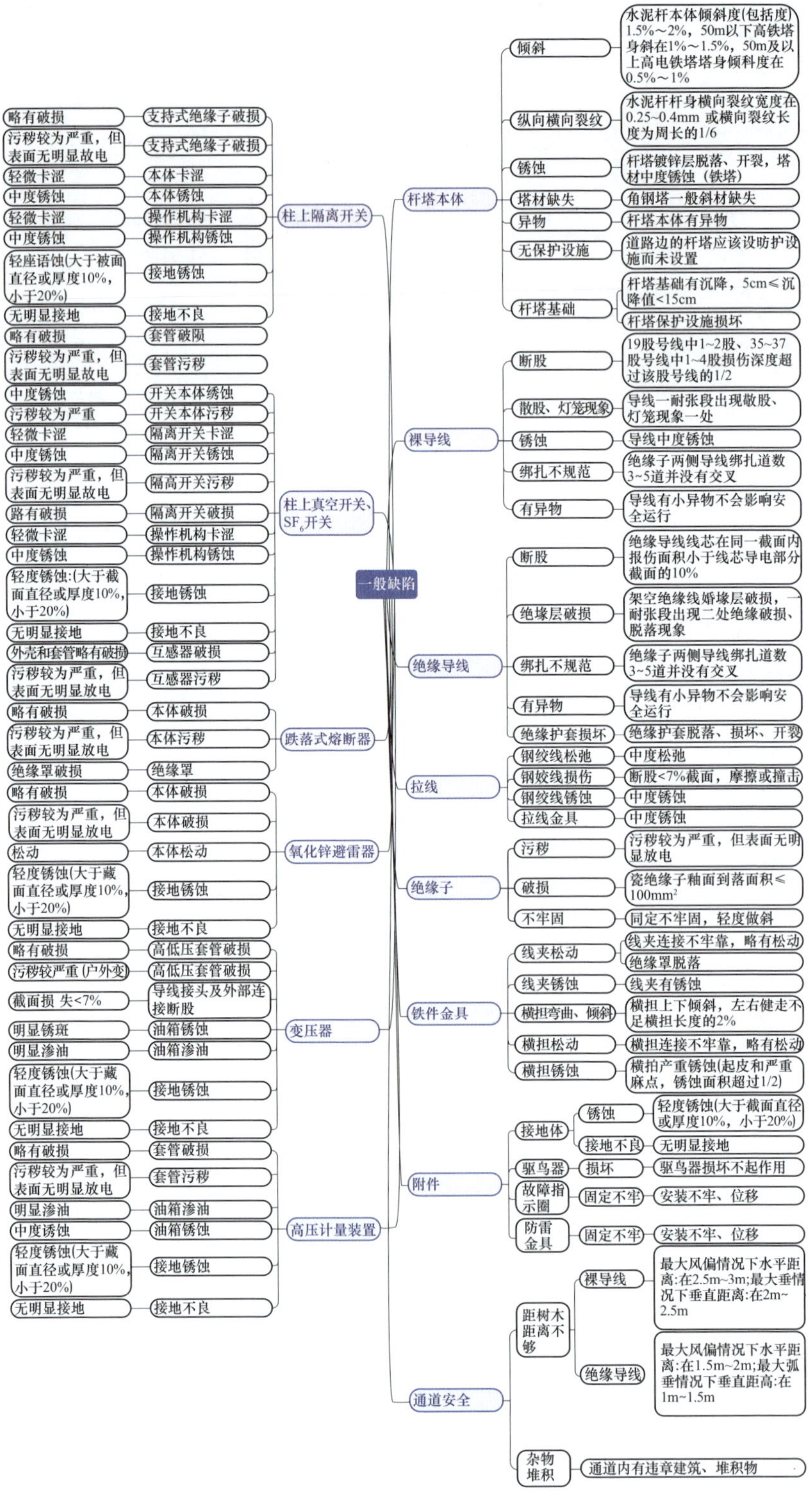

- 一般缺陷
  - 柱上隔离开关
    - 支持式绝缘子破损：略有破损
    - 支持式绝缘子破损：污秽较为严重，但表面无明显放电
    - 本体卡涩：轻微卡涩
    - 本体锈蚀：中度锈蚀
    - 操作机构卡涩：轻微卡涩
    - 操作机构锈蚀：中度锈蚀
    - 接地锈蚀：轻座语蚀(大于被面直径或厚度10%，小于20%)
    - 接地不良：无明显接地
  - 柱上真空开关、SF$_6$开关
    - 套管破损：略有破损
    - 套管污秽：污秽较为严重，但表面无明显放电
    - 开关本体锈蚀：中度锈蚀
    - 开关本体污秽：污秽较为严重
    - 隔离开关卡涩：轻微卡涩
    - 隔离开关锈蚀：中度锈蚀
    - 隔离开关污秽：污秽较为严重，但表面无明显放电
    - 隔离开关破损：路有破损
    - 操作机构卡涩：轻微卡涩
    - 操作机构锈蚀：中度锈蚀
    - 接地锈蚀：轻度锈蚀:(大于截面直径或厚度10%，小于20%)
    - 接地不良：无明显接地
    - 互感器破损：外壳和套管略有破损
    - 互感器污秽：污秽较为严重，但表面无明显放电
  - 跌落式熔断器
    - 本体破损：略有破损
    - 本体污秽：污秽较为严重，但表面无明显放电
    - 绝缘罩：绝缘罩破损
  - 氧化锌避雷器
    - 本体破损：略有破损
    - 本体破损：污秽较为严重，但表面无明显放电
    - 本体松动：松动
    - 接地锈蚀：轻度锈蚀(大于藏面直径或厚度10%，小于20%)
    - 接地不良：无明显接地
  - 变压器
    - 高低压套管破损：略有破损
    - 高低压套管破损：污秽较严重(户外变)
    - 导线接头及外部连接断股：截面损 失<7%
    - 油箱锈蚀：明显锈斑
    - 油箱渗油：明显渗油
    - 接地锈蚀：轻度锈蚀(大于藏面直径或厚度10%，小于20%)
    - 接地不良：无明显接地
  - 高压计量装置
    - 套管破损：略有破损
    - 套管污秽：污秽较为严重，但表面无明显放电
    - 油箱渗油：明显渗油
    - 油箱锈蚀：中度诱蚀
    - 接地锈蚀：轻度锈蚀(大于藏面直径或厚度10%，小于20%)
    - 接地不良：无明显接地
  - 杆塔本体
    - 倾斜：水泥杆本体倾斜度(包括度)1.5%～2%，50m以下高铁塔身斜在1%～1.5%，50m及以上高电铁塔塔身倾科度在0.5%～1%
    - 纵向横向裂纹：水泥杆杆身横向裂纹宽度在0.25~0.4mm 或横向裂纹长度为周长的1/6
    - 锈蚀：杆塔镀锌层脱落、开裂，塔材中度锈蚀（铁塔）
    - 塔材缺失：角钢塔一般斜材缺失
    - 异物：杆塔本体有异物
    - 无保护设施：道路边的杆塔应该设防护设施而未设置
    - 杆塔基础：杆塔基础有沉降，5cm≤沉降值<15cm
    - 杆塔基础：杆塔保护设施损坏
  - 裸导线
    - 断股：19股号线中1~2股、35~37股号线中1~4股损伤深度超过该股号线的1/2
    - 散股、灯笼现象：导线一耐张段出现敬股、灯笼现象一处
    - 锈蚀：导线中度锈蚀
    - 绑扎不规范：绝缘子两侧导线绑扎道数3~5道并没有交叉
    - 有异物：导线有小异物不会影响安全运行
  - 绝缘导线
    - 断股：绝缘导线线芯在同一截面内报伤面积小于线芯导电部分截面的10%
    - 绝缘层破损：架空绝缘线婚缘层破损，一耐张段出现二处绝缘破损、脱落现象
    - 绑扎不规范：绝缘子两侧导线绑扎道数3~5道并没有交叉
    - 有异物：导线有小异物不会影响安全运行
    - 绝缘护套损坏：绝缘护套脱落、损坏、开裂
  - 拉线
    - 钢绞线松弛：中度松弛
    - 钢姣线损伤：断股<7%截面，摩擦或撞击
    - 钢绞线锈蚀：中度锈蚀
    - 拉线金具：中度锈蚀
  - 绝缘子
    - 污秽：污秽较为严重，但表面无明显放电
    - 破损：瓷绝缘子釉面到落面积≤100mm^2
    - 不牢固：同定不牢固，轻度做斜
  - 铁件金具
    - 线夹松动：线夹连接不牢靠，略有松动
    - 线夹松动：绝缘罩脱落
    - 线夹锈蚀：线夹有锈蚀
    - 横担弯曲、倾斜：横担上下倾斜，左右健走不足横担长度的2%
    - 横担松动：横担连接不牢靠，略有松动
    - 横担锈蚀：横拍产重锈蚀(起皮和严重麻点，锈蚀面积超过1/2)
  - 附件
    - 接地体
      - 锈蚀：轻度锈蚀(大于截面直径或厚度10%，小于20%)
      - 接地不良：无明显接地
    - 驱鸟器
      - 损坏：驱鸟器损坏不起作用
    - 故障指示圈
      - 固定不牢：安装不牢、位移
    - 防雷金具
      - 固定不牢：安装不牢、位移
  - 通道安全
    - 距树木距离不够
      - 裸导线：最大风偏情况下水平距离:在2.5m~3m;最大垂情况下垂直距离:在2m~2.5m
      - 绝缘导线：最大风偏情况下水平距离:在1.5m~2m;最大弧垂情况下垂直距离:在1m~1.5m
    - 杂物堆积：通道内有违章建筑、堆积物

第 5 章 配网无人机巡视图像样本标注规范

说明：该章节是标图人员重点学习内容，应该熟知熟记。这里标图规范仅仅是整个缺陷体系中的一部分，是在安徽省电科院合作及指导下完成的《配网无人机巡视图像样本标注规范（第一版）》，后续将不断完善补充。

5.1 标注要求

1. 标注方式

坐标定位（拉框）。

2. 标注范围

（1）命名规范建议。

“设备 _ 缺陷”：其中设备名称或者缺陷名称只有两个字符时，对应字段需为拼音全称，当大于两个字符时，对应字段为中文名称首字母缩写。

示例 1：杆塔鸟巢，标签命名为 ganta_niaochao

示例 2：绝缘子破损（含釉表面脱落），命名为 jyz_posun

（2）需要标注的缺陷包括：

1）避雷器引线断裂　　blq_yxdl。

2）杆塔鸟巢　　ganta_niaochao。

3）瓷绝缘子导线未绑扎　　cjyz_dxwbz。

4）复合绝缘子卡扣丢失或松动　　fhjyz_kkdssd。

5）绝缘子污秽或放电痕迹　　jyz_fdhj。

6）杆塔裂纹　　ganta_liewen。

7）导线绝缘层破损　　daoxian_jycps。

8）绝缘子破损（含釉表面脱落）　　jyz_posun。

9）设备绝缘罩脱落　　shebei_jyztl。

10）树竹障　　tongdao_szz。

11）塔顶损坏　　tading_sunhuai。

12）绑扎线不规范　　bzx_bgf。

13）绝缘子固定不牢固（倾斜）　　jyz_gdblg。

14）接续线夹绝缘罩缺失或损坏　　jxxj_jyzqshsh。
15）耐张线夹绝缘罩缺失或损坏　　nzxj_jyzqshsh。
16）保险销子脱落　　bxxz_tuoluo。
17）螺母松动　　luomu_songdong。
18）螺母丢失　　luomu_diushi。
19）金属氧化物避雷器脱扣　　jsyhwblq_tuokou。
20）金属氧化物避雷器脱落　　jsyhwblq_tuoluo。
21）法兰杆法兰锈蚀　　flg_flxs。
22）横担弯曲、倾斜、松动　　hengdan_wqqxsd。

5.2 图片标注的基本原则

按照省公司配网人工智能专项行动构建高质量的缺陷样本库的要求，标注时主要遵循以下原则。

（1）不确定的缺陷不标注，否则会造成样本污染，影响算法训练。

（2）标注时缺陷目标和选择的缺陷标签名称需一致，不要选错。

（3）只标注可见光图片，红外图片不标注。

（4）由于拍摄原因导致图片全部都不清楚，则废弃整张图片不标注。

（5）需要标注的目标因遮挡或图片质量原因看不清楚，则不标注。

（6）一个设备上有多个缺陷同时出现，需要分开标注多个缺陷。

5.3 标注细节

5.3.1 避雷器引线断裂

1. 标注对象

连接至避雷器桩头上的导线出现断开、断股，需标注为避雷器引线断裂，标注时将避雷器整体及桩头部分框进去一起标注，无须包含断裂的导线。

2. 需要标注的情况

（1）避雷器引线断开，只标注避雷器及桩头部分，如图 5-1 ~ 图 5-3 所示。

（2）避雷器引线断裂，最多只标注断裂到铜铝鼻子根部的情况，桩头或铜铝鼻子仍然接了一点导线的情况不标注，如图 5-4 所示。

（3）避雷器脱落后也存在引线断裂，需要标注为避雷器引线断裂，如图 5-5 所示。

图 5-1　标注避雷器引线断裂

图 5-2　标注避雷器引线断裂

图 5-3　标注避雷器引线断裂

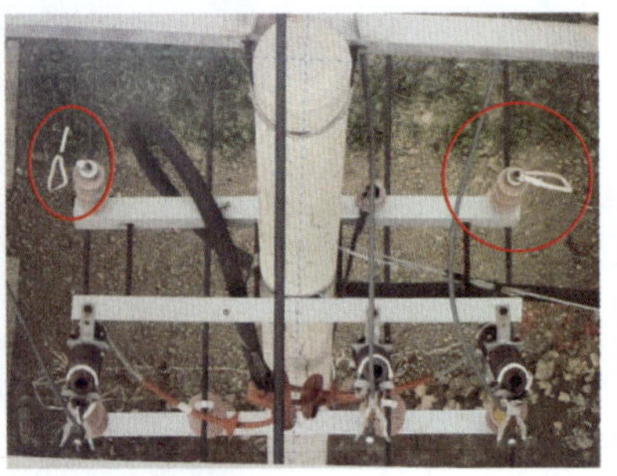

图 5-4　避雷器引线断裂情况（左图标注，右图不标注）

图 5-5　需要标注为避雷器引线断裂

（4）如明确看到下引线断裂，则标注避雷器引线断裂，否则不标注（无须猜测标注）。

3. 不需要标注的情况

（1）如果图片由于拍摄视角原因导致无法看清楚引线是否断裂，则不标注，如图 5-6 所示。

图 5-6　视角原因看不清楚是否断裂，不标注避雷器引线断裂

（2）带均压环的避雷器（也叫过电压保护器）无上引线，不需要标注，如图 5-7 所示。

图 5-7　不标注引线断裂

（3）不是和避雷器连接的一头断裂，不标注引线断裂。

（4）如存在遮挡导致避雷器只能看到接线点，则不标注避雷器引线断裂，如图 5-8 所示。

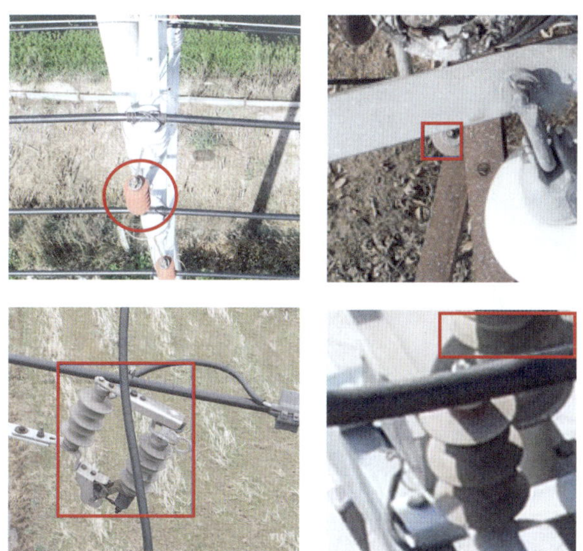

图 5-8　遮挡、无法判断避雷器引线是否存在断裂，不标注避雷器引线断裂

（5）避雷器头部及以下发生断裂、炸裂等情况，非正常形态的避雷器，不需要标注避雷器引线断裂，如图 5-9 所示。

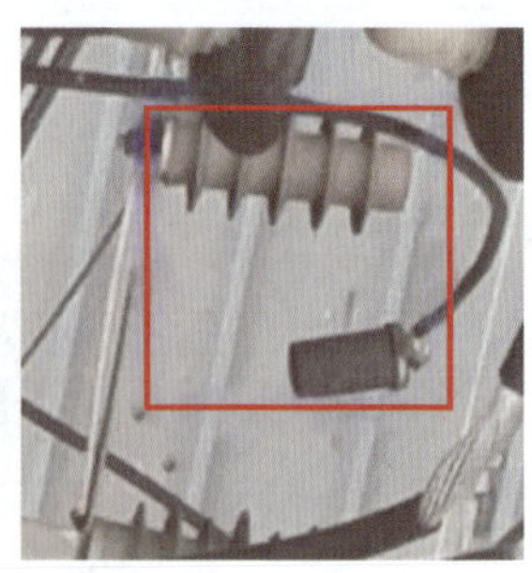

图 5-9　头部断裂、炸裂等情况，不标注避雷器引线断裂

（6）只标注避雷器引线断裂的情况，不标注避雷器接地线断裂的情况，如图 5-10 所示。

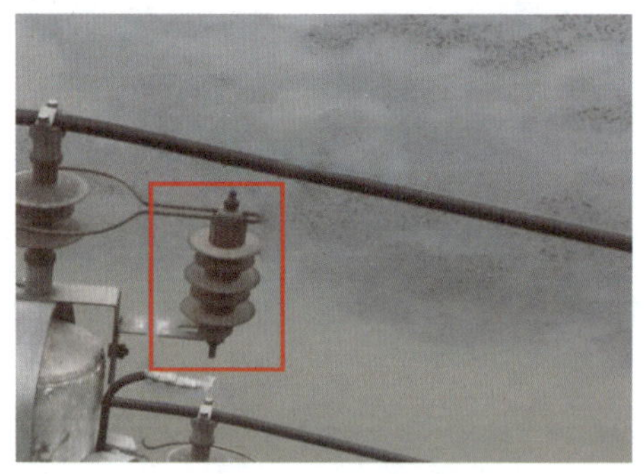

图 5-10　图示避雷器不标注避雷器引线断裂

（7）其他设备引线断裂不标注，因为其他设备引线断裂会造成故障，会及时消缺掉，如图 5-11 所示。

图 5-11　不标注引线断裂

5.3.2 杆塔鸟巢

1. 标注对象

出现在杆塔上的鸟巢，标注时尽量包含鸟巢主体，不需要将旁边的树枝都框进去，目的是减少其他一些背景对算法学习造成干扰。

2. 需要标注的情况

标注杆塔鸟巢时，只需要将杆塔主体包含进去，如图 5–12 所示。

图 5–12　只需要将鸟巢主体框进去标注

蜂巢也需要标注为鸟巢，如图 5–13 所示。

图 5–13　蜂巢也需要标注为鸟巢

（1）鸟巢只标注主体部分，零散的枝干部分不框进去标注，如图 5–14 所示。

（2）一个塔上有两个鸟巢时，需要分开标注，如图 5–15 所示。

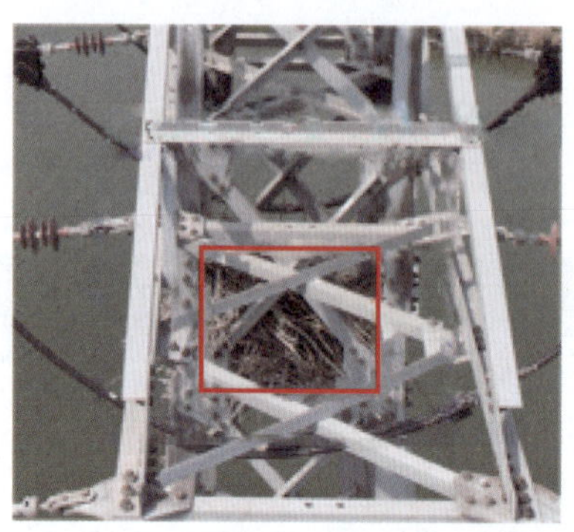

图 5–14　只标注红框所示主体部分

图 5–15　图示有两个鸟巢，需按两个框标注

3. 不需要标注的情况

未成形的鸟巢，如少量树枝、杂草不标注鸟巢，如图 5–16 所示。

5.3.3　瓷绝缘子导线未绑扎

导线穿过瓷绝缘子顶部，需将其用匝丝绑扎在瓷绝缘子上，如图 5–17 所示。

图 5-16　不标注鸟巢

图 5-17　导线需要被绑扎在绝缘子上

1. 标注对象

针对瓷绝缘子导线未绑扎，只标注绝缘子头部。

2. 需要标注的情况

（1）导线没有被绑扎到绝缘子上，如图 5–18 所示。

图 5–18　导线未绑扎

（2）匝丝松散，起不到绑扎作用，需要标注为导线未绑扎，如图 5–19 所示。

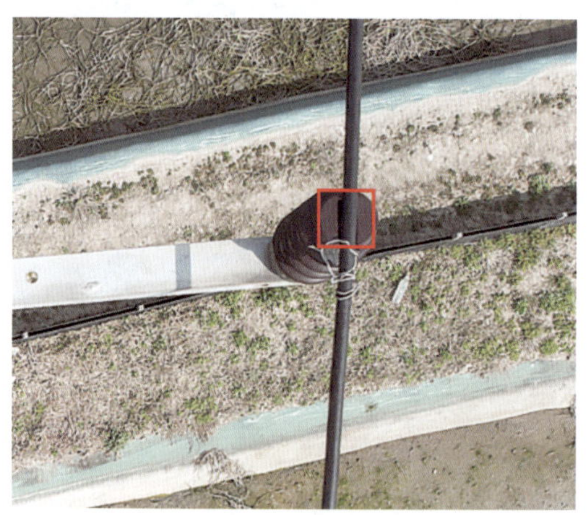

图 5–19　匝丝松散起不到固定作用，需标注导线未绑扎

（3）由于导线未绑扎导致的导线脱落，也标注为导线未绑扎，如图 5–20 所示。

（4）以下导线侧绑且看不到匝丝绑扎、线夹固定导线但未绑扎的情况，需要标注瓷绝缘子导线未绑扎，如图 5–21 所示。

（5）低压绝缘子如未绑扎，则按照整个绝缘子进行标注，如图 5–22 所示。

图 5-20　由于导线未绑扎导致的导线脱落，也标注为导线未绑扎

图 5-21　需标注导线未绑扎

图 5-22　低压绝缘子，按照整个绝缘子标注

3. 不需要标注的情况

（1）匝丝只绑扎了一道，不标注导线未绑扎，如图 5-23 所示。

（2）由于放电匝丝被击断，如未出现松散，不标注导线未绑扎，如图 5-24 所示。

（3）两根导线交叉捆绑，不标注瓷绝缘子导线未绑扎，如图 5-25 所示。

图 5-23　不标注导线未绑扎

图 5-24　不标注导线未绑扎

图 5-25　不标注导线未绑扎

5.3.4 复合绝缘子卡扣丢失或松动

导线穿过复合绝缘子顶部，需将其用卡扣固定在复合绝缘子上，如图 5–26 所示。

图 5–26 此种为通过卡扣固定导线的安装方式

1. 标注对象

复合绝缘子上的卡扣丢失、卡扣螺栓丢失、卡扣损坏，需要标注复合绝缘子卡扣丢失或松动，标注时包含卡扣区域和绝缘子头部。

2. 需要标注的情况

（1）复合绝缘子卡扣丢失，如图 5–27 所示。

图 5–27 复合绝缘子卡扣丢失

（2）复合绝缘子卡扣松动，如图 5–28 所示。

（3）由于卡扣丢失或松动导致的导线脱落，也标注为复合绝缘子卡扣丢失或松动，如图 5–29 所示。

图 5-28　复合绝缘子卡扣松动

图 5-29　复合绝缘子卡扣丢失或松动后，导线脱落

（4）导线脱落，卡扣看似正常，也需要标注为复合绝缘子卡扣丢失或松动，如图 5-30 所示。

需要标注为复合绝缘子卡扣丢失或松动，是因为卡扣松动脱落了，卡扣又掉下去卡在螺栓孔里，肉眼看卡扣似乎未损坏，但实际已经失去了固定导线的作用。

（5）实际需要匝丝绑扎的复合绝缘子，头部和卡扣特征比较相似（俯拍可区分，侧拍、仰拍和卡扣几乎无法区分），如存在未绑扎的情况，标注时按照复合绝缘子卡扣丢失或松动标注，如图 5-31 所示。

图 5-30　标注卡扣丢失或松动

图 5-31　按照卡扣丢失或松动标注

3. 不需要标注的情况

（1）复合绝缘子卡扣丢失，用匝丝临时绑扎，不标注卡扣丢失或松动，如图 5-32 所示。

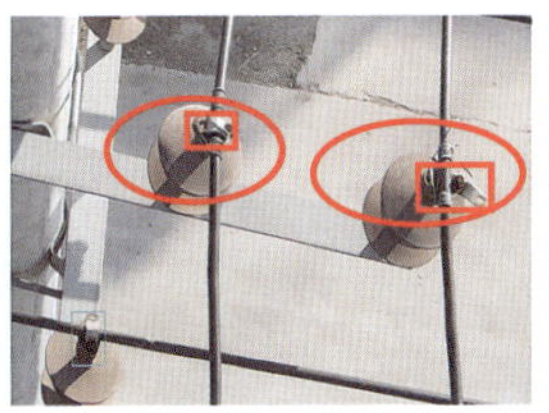

图 5-32　匝丝代替卡扣临时绑扎，不标注卡扣丢失或松动

（2）卡扣螺钉丢失，用匝丝穿过螺钉孔位置临时固定，不标注卡扣丢失或松动，如图 5–33 所示。

图 5-33　匝丝代替卡扣临时绑扎，不标注卡扣丢失或松动

（3）如果导线仍然被卡扣固定，卡扣螺栓有凸起，但螺栓还未从螺栓孔完全脱离出来，则不标注复合绝缘子卡扣丢失或松动，如图 5–34 所示。

图 5-34　卡扣螺栓未完全脱出，不标注

5.3.5　绝缘子污秽或放电痕迹

1. 标注对象

绝缘子污秽或放电痕迹按整个绝缘子标注。只标注明显放电、脏污的绝缘子，套管、绝缘支柱放电脏污不标注。

2. 需要标注的情况

（1）瓷绝缘子伞裙放电，按整个绝缘子标注，如图 5–35 所示。

图 5-35　绝缘子伞裙有放电痕迹

（2）低压蝶式绝缘子有较严重锈渍、放电痕迹，如图 5-36 所示。

图 5-36　低压绝缘子表面有锈渍

（3）瓷绝缘子表面有明显鸟屎，如图 5-37 所示。

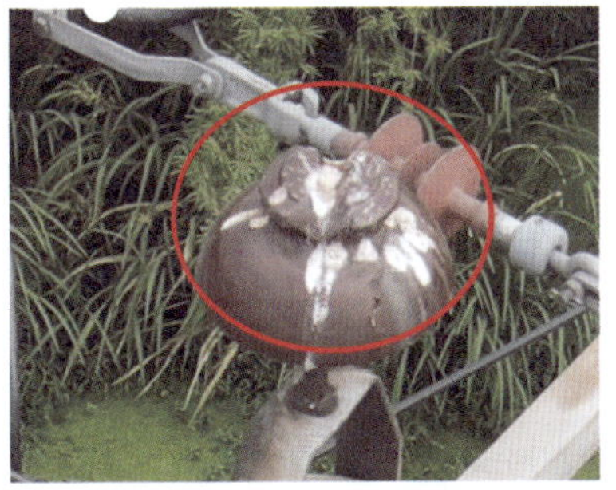

图 5-37　绝缘子表面有明显鸟屎

（4）瓷绝缘子伞裙表面有较为严重的青苔、灰尘，如图 5-38 所示。

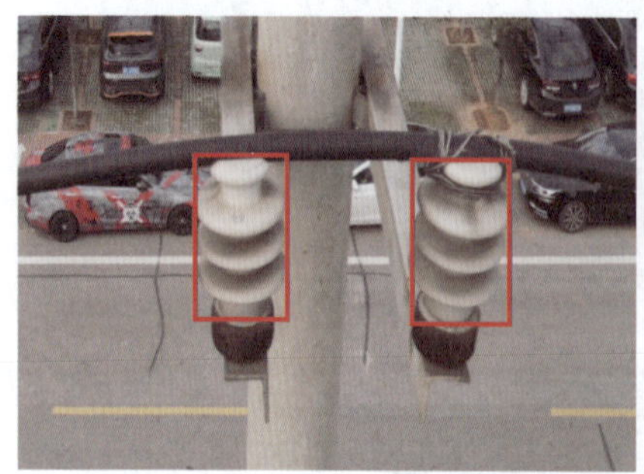

图 5-38　绝缘子表面有严重灰尘、青苔

（5）复合绝缘子伞裙有严重放电痕迹，如图 5-39 所示。

图 5-39　复合绝缘子伞裙有严重放电痕迹

（6）复合绝缘子表面有鸟屎，特别严重的脏污，如图 5-40 所示。

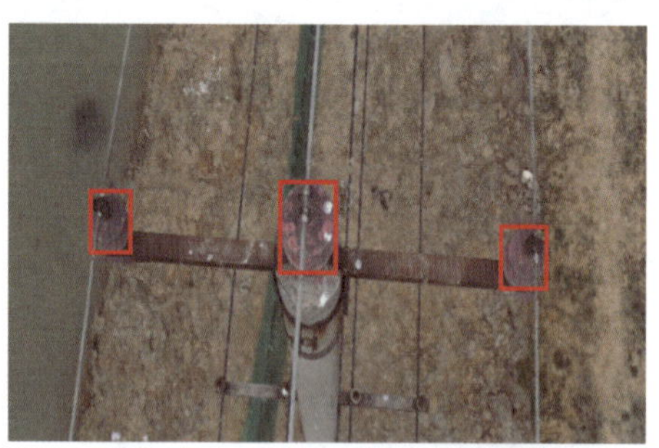

图 5-40　复合绝缘子严重脏污

3. 不需要标注的情况

（1）复合绝缘子表面有灰尘，正常老化，如图 5-41 所示。

（2）低压碟式绝缘子头部轻微锈蚀，轻微锈蚀痕迹，如图 5-42 所示。

（3）瓷绝缘子表面有轻微灰尘，如图 5-43 所示。

图 5-41　复合绝缘子正常老化

图 5-42　低压绝缘子轻微锈渍

图 5-43　瓷绝缘子表面有轻微灰尘

5.3.6 杆塔裂纹

1. 标注对象

杆塔塔身表面出现横向、纵向不规则裂口的纹路，需标注杆塔裂纹。标注时将裂纹包含在内，从杆塔左边缘拉至杆塔右边缘。

2. 需要标注的情况

杆塔表面出现横向、纵向裂纹，标注为杆塔裂纹，如图 5–44 所示。

图 5-44 杆塔裂纹

3. 不需要标注的情况

（1）只标注明显的裂纹，不明显的不标注杆塔裂纹，如图 5–45 所示。

图 5-45 裂纹不明显，不标注杆塔裂纹

（2）杆塔上有一条自带的接缝线，不标杆塔裂纹，如图 5-46 所示。

图 5-46　这是杆塔自身接缝线，不标杆塔裂纹

（3）杆塔本体损坏，不标注杆塔裂纹，如图 5-47 所示。

图 5-47　杆塔本体损坏，不标注杆塔裂纹

5.3.7　导线绝缘层破损

1. 标注对象

标注绝缘层破损的部分。

2. 需要标注的情况

（1）绝缘线绝缘层破损，导线裸露，如图 5-48 所示。

图 5-48　导线绝缘层破损

（2）一根导线出现两处破损时，各自拉一个框标注，如图 5-49 所示。

图 5-49　两处破损分别画框标注

（3）导线绝缘层破损后铁丝缠绕，也需标注为导线绝缘层破损，如图 5-50 所示。

图 5-50　匝丝违规接续，需标注导线绝缘层破损

（4）绝缘层放电熔化，标注导线绝缘层破损，如图 5-51 所示。

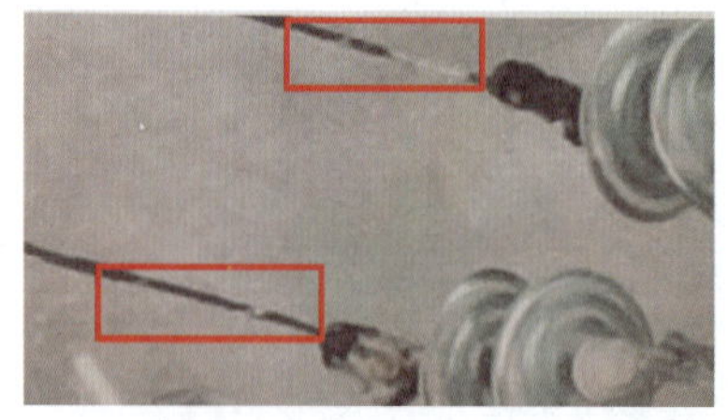

图 5-51　绝缘层放电熔化，需标注导线绝缘层破损

（5）导线绝缘层破损，匝丝缠绕且无胶带补绑，则需要标注为导线绝缘层破损，如图 5-52 所示。

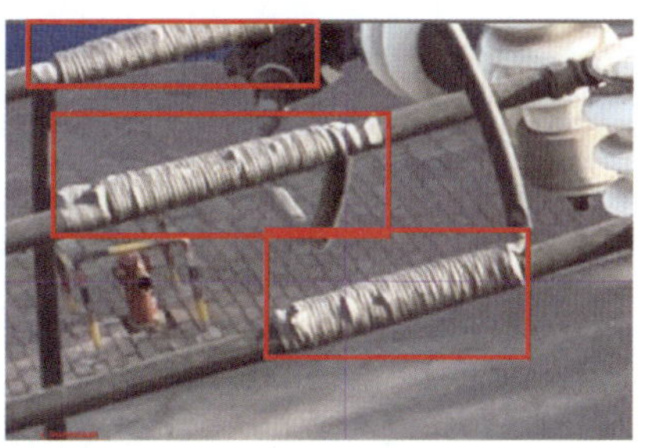

图 5-52　导线绝缘层破损无绝缘措施

（6）线夹接口处的导线绝缘层破损，按照并沟线夹的长度 1/2 进行判断，如破损长度超过并沟线夹长度的 1/2，则需要标注导线绝缘层破损；两个线夹之间的导线绝缘层破损，破损长度超过 1 个并沟线夹长度，则需要标注导线绝缘层破损，如图 5-53 所示。

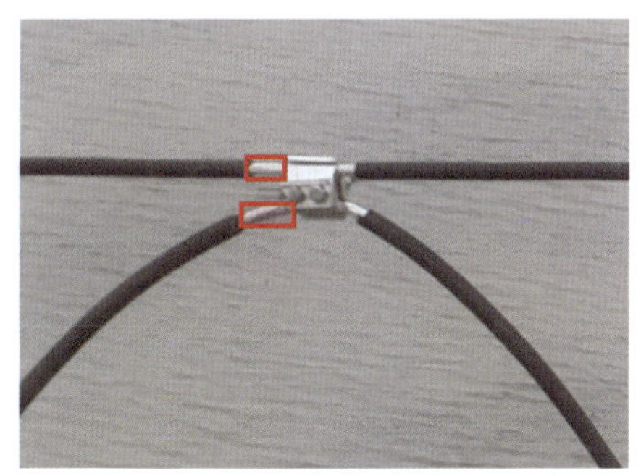

图 5-53　破损长度超过线夹 1/2

3. 不需要标注的情况

（1）线夹接口处绝缘层破损但导线裸露部分很小时不标注，可以按照导线直径的 5 倍作为参考判断是否需要标注，如图 5-54 所示。

图 5-54　接口处绝缘层破损，但导线裸露部分很小，不标注

（2）对于绝缘线绝缘层破损的缺陷，绝缘层破损后用黑色胶带补绑，不标注为绝缘线绝缘层破损，如图 5–55 所示。

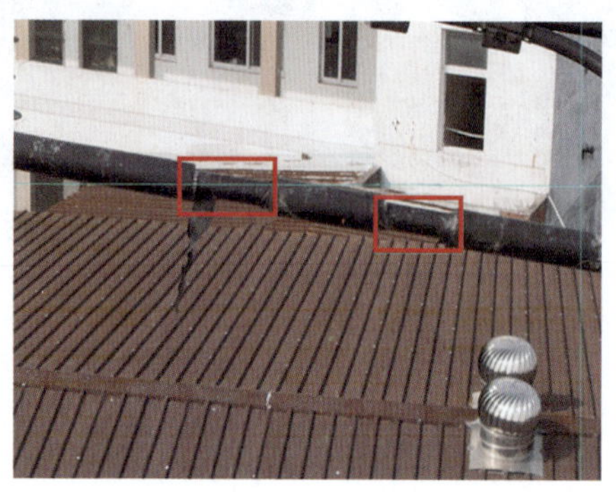

图 5-55　黑色胶带补绑，不标注导线绝缘层破损

（3）绝缘护套损坏，不标注导线绝缘层破损，如图 5–56 所示。

图 5-56　不标注导线绝缘层破损

（4）导线用黑胶带补绑，不标注导线绝缘层破损。

（5）导线绝缘层未破损，只是用匝丝捆绑两根导线，不标注导线绝缘层破损。

5.3.8　绝缘子破损（含釉表面脱落）

1. 标注对象

针对绝缘子破损或表面的釉表面脱落等状况，仅标记破损或脱落的那一片绝缘子。

2. 需要标注的情况

（1）绝缘子伞裙或绝缘子片出现破损，如图 5–57 所示。

（2）绝缘子整片缺失，也算破损，需将前后相邻的绝缘子片包含在一起标注，如图 5–58 所示。

图 5-57　绝缘子破损

图 5-58　绝缘子整片缺失

（3）设备上的绝缘支柱出现破损，也按照绝缘子破损标注，如图 5-59 所示。

图 5-59　设备绝缘支柱破损

（4）复合绝缘子边缘老化破损，如图 5-60 所示。

图 5-60　复合绝缘子老化破损

5.3.9　设备绝缘罩脱落

跌落式熔断器、三相固封极柱式断路器、三相共箱式柱上开关、柱上隔离开关、金属氧化物避雷器、互感器、配电变压器高低压套管、低压负荷开关桩头均需要绝缘罩保护，如图 5-61 ~ 图 5-67 所示。

图 5-61　跌落式熔断器桩头绝缘罩保护

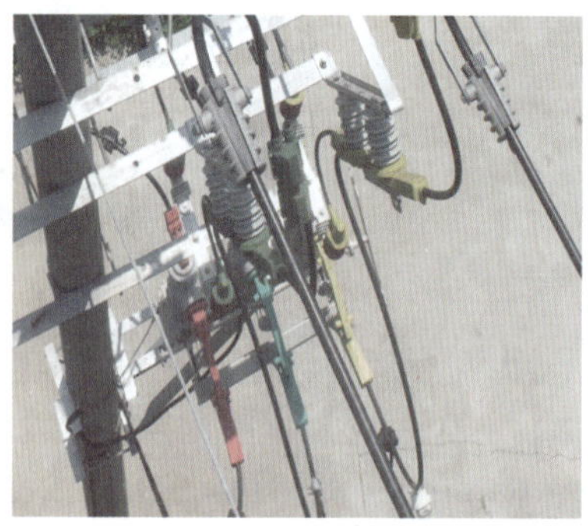

图 5-62　三相固封极柱式断路器桩头绝缘罩保护

图 5-63　三相共箱式柱上开关桩头绝缘罩保护

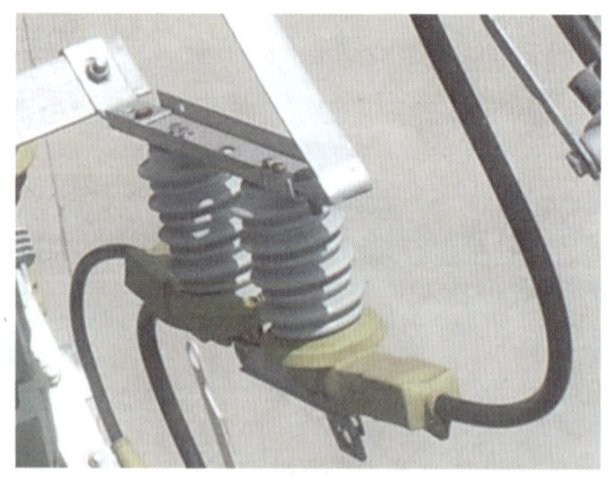

图 5-64　柱上隔离开关桩头绝缘罩保护

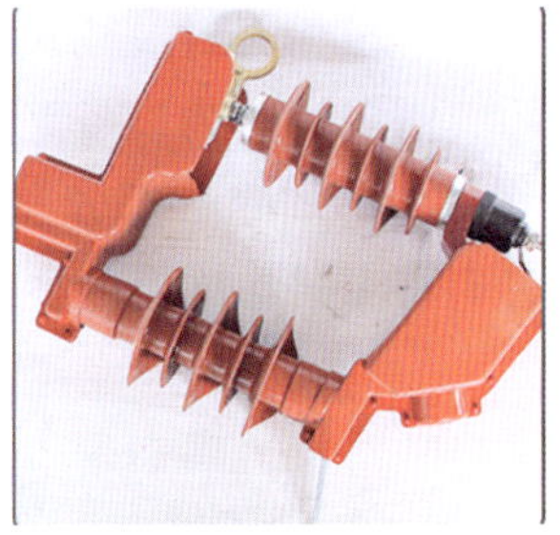

图 5-65　金属氧化物避雷器桩头绝缘罩保护

1. 标注对象

对于设备绝缘罩缺失，或者设备绝缘罩破损开裂，无法再起到保护作用的情况，需要标注为设备绝缘罩脱落。

图 5-66　互感器桩头绝缘罩保护

图 5-67　配电变压器高低压套管桩头绝缘罩保护

2. 需要标注的情况

（1）跌落式熔断器上或下桩头缺绝缘罩，需要标注为设备绝缘罩脱落，标注时包含整个跌落式熔断器本体和线夹，如图 5-68 所示。

图 5-68　跌落式熔断器缺绝缘罩，标注设备绝缘罩脱落

（2）三相固封极柱式断路器套管桩头缺绝缘罩、隔离开关刀闸或桩头缺绝缘罩，需要标注为设备绝缘罩脱落，其中对于断路器套管桩头缺绝缘罩，标注时将桩头下的套管部分和线夹包含在内；对于隔离开关刀闸或桩头缺绝缘罩，标注时将刀闸和桩头包含在内标注即可，如图 5–69 所示。

图 5-69　三相固封极柱式断路器缺绝缘罩，标注设备绝缘罩脱落

（3）三相共箱式柱上开关桩头缺绝缘罩，需要标注为设备绝缘罩脱落，标注时将桩头下的套管部分和线夹包含在内，如图 5–70 所示。

图 5-70　三相共箱式柱上开关缺绝缘罩，标注设备绝缘罩脱落

（4）柱上隔离开关桩头缺绝缘罩，需要标注为设备绝缘罩脱落，标注时将包含隔离开关和进出线线夹标注，如图 5–71 所示。

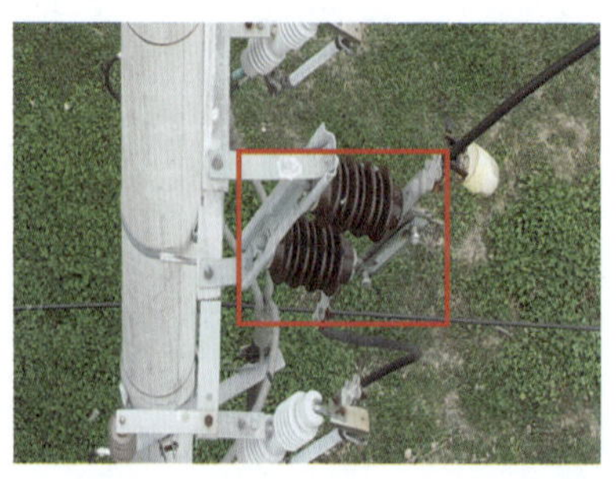

图 5-71　柱上隔离开关缺绝缘罩，标注设备绝缘罩脱落

（5）金属氧化物避雷器桩头缺绝缘罩（对于可卸式避雷器，上面或下面缺绝缘罩均需标注），需要标注为设备绝缘罩脱落，标注时包含避雷器和线夹标注，如图 5-72 所示。

图 5-72　金属氧化物避雷器缺绝缘罩，标注设备绝缘罩脱落

（6）互感器桩头缺绝缘罩，需要标注为设备绝缘罩脱落，标注时将桩头下的套管部分和线夹包含在内，如图 5-73 所示。

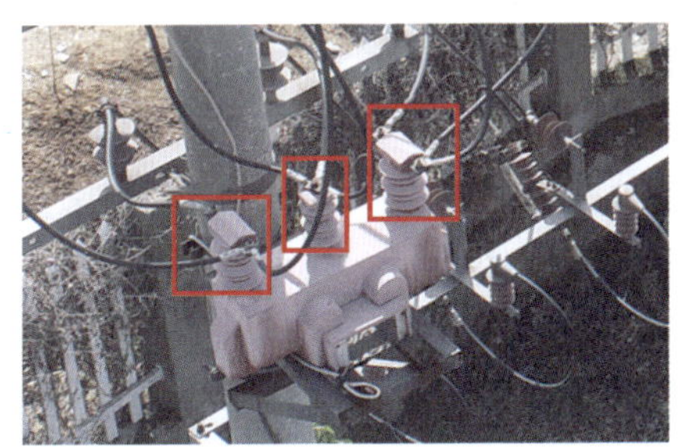

图 5-73　互感器缺绝缘罩，标注设备绝缘罩脱落

（7）配电变压器高、低压套管桩头缺绝缘罩，需要标注为设备绝缘罩脱落，标注时将桩头下的套管部分和线夹包含在内，如图 5-74 所示。

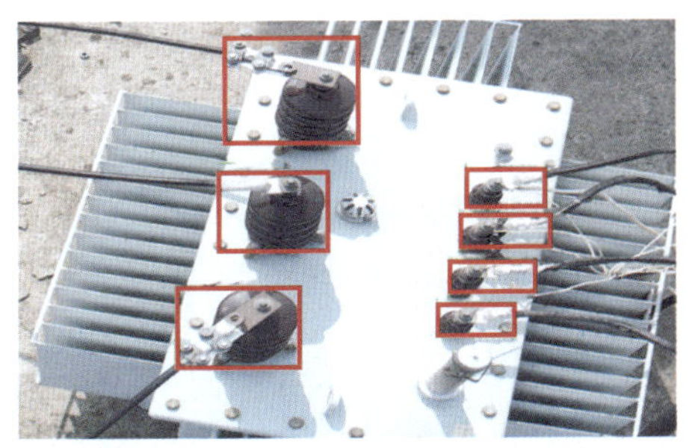

图 5-74　配电变压器高低压套管缺绝缘罩，标注设备绝缘罩脱落

（8）低压负荷开关桩头缺绝缘罩，需要标注为设备绝缘罩脱落，标注时将桩头下的套管部分和线夹包含在内，如图 5-75 所示。

图 5-75　低压负荷开关缺绝缘罩，标注设备绝缘罩脱落

3. 不需要标注的情况

（1）设备上用绝缘涂料喷涂、绝缘胶布缠绕等已经起到绝缘作用的处理方式，无须再标注设备绝缘罩脱落。

（2）如设备已有绝缘罩保护，且只有少量的设备裸露（关键看桩头和线夹位置是否有绝缘保护），则不标注设备绝缘罩脱落。

5.3.10　树竹障

1. 标注对象

导线穿过树林、竹林，或者导线两侧有肉眼可见距离很近的树竹障，需标注树竹障。标注时将导线和影响导线的那一侧树竹障框进去，不需要以导线为中心往两边框一样的宽度，原因是没有树竹障的一侧被当作树竹障框进去后会对算法训练造成干扰。

2. 需要标注的情况

树竹障标注时不区分通道场景，只要有可分辨的树竹障就需要标注，如图 5-76 所示。

图 5-76　标注树障（一）

图 5-76　标注树障（二）

3. 不需要标注的情况

（1）导线下面是大面积园林景观树为非树障，如图 5-77 所示框均不需标注。

（2）侧面单独的一根导线，或者很多根导线缠绕在一起的不标注树竹障。这些不是配电线路（通信线路），如图 5-78 所示。

图 5-77　不标注树障

图 5-78　不标注树障

（3）横向导线易造成视觉上差异不标注树障，如图 5-79 所示。

（4）较远处已看不清导线不标注树障，只标注两个塔之间的树障，如图 5-80 所示。

图 5-79　不标注树障

图 5-80　不标注树障

5.3.11　塔顶损坏

1. 标注对象

塔顶出现空洞或风化露筋情况，标注为塔顶损坏。标注时贴合塔顶和破损区域一起标注。

2. 需要标注的情况

（1）塔顶有空洞破损，如图 5-81 所示。

图 5-81　塔顶空洞

（2）塔顶有风化露筋，如图 5-82 所示。

（3）塔顶严重破损但暂未出现空洞、露筋情况，如图 5-83 所示。

3. 不需要标注的情况

（1）塔顶无空洞、无风化露筋，只有轻微破损，不需要标注，如图 5-84 所示。

图 5-82　塔顶风化露筋（一）

图 5-82 塔顶风化露筋（二）

图 5-83 塔顶严重损坏

（2）标注时区分塔顶损坏和塔身损坏。

5.3.12 绑扎线不规范

1. 标注对象

导线的固定应牢固、可靠，且符合下列规定。

（1）直线杆柱式绝缘子导线固定应采用顶槽绑扎法。

绑扎线在导线两侧缠绕要牢固，形成的 X 形的交叉要牢固，绑扎线在导线两侧缠绕要整齐，形成 X 形的交叉要整齐。绝缘子颈的内外侧都为 4 道绑扎线、顶的两边有 6 道绑扎线，如图 5-85 所示。

图 5-84　不需要标注

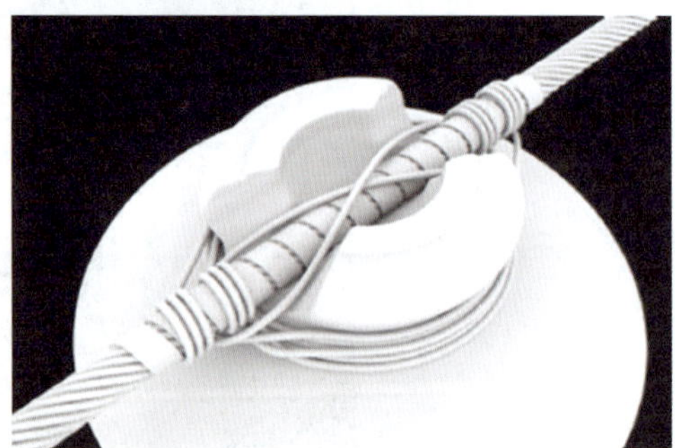

图 5-85　顶槽绑扎法

（2）直线转角杆（小角度转角杆）采用边槽绑扎法，柱式绝缘子导线应固定在转角外侧的槽内；瓷横担绝缘子导线应固定在第一裙内。绑扎线在导线两侧缠绕要牢固，形成的 X 形的交叉要牢固，绑扎线在导线两侧缠绕要整齐，形成 X 形的交叉要整齐。绝缘子颈的下侧为 6 道绑扎线，如 5-86 所示。

2. 需要标注的情况

针对绑扎不规范的情况，包含绝缘子唇部、绑扎线、导线部分一起画框标注。

（1）某一边绑扎圈数不足 6 圈，如图 5-87 所示。

（2）未交叉绑扎，如图 5-88 所示。

（3）绑扎线散乱，需要标注为绑扎线不规范，如图 5-89 所示。

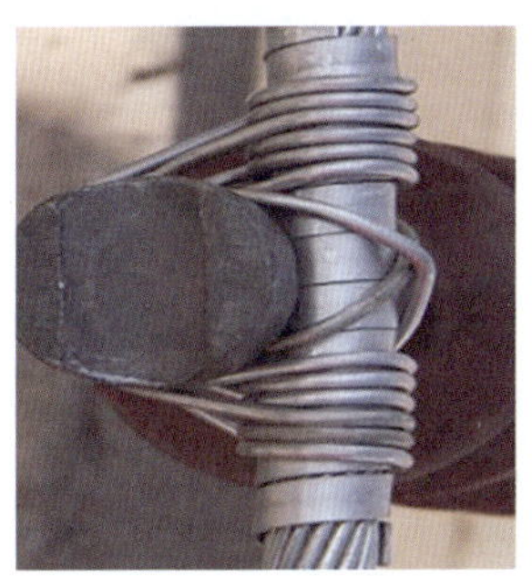

图 5-86　边槽绑扎法

图 5-87　一边绑扎圈数不足 6 圈

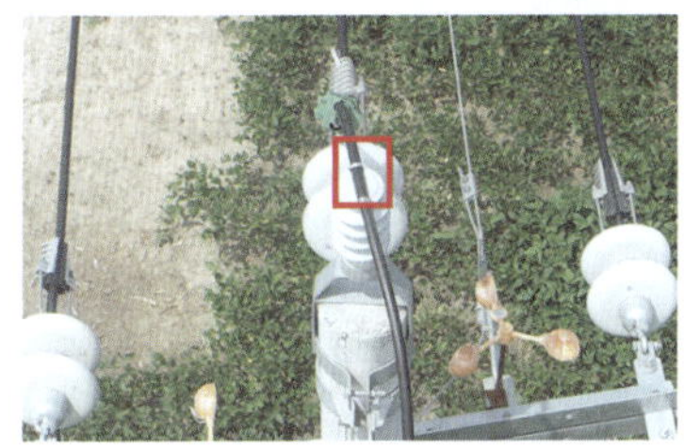

图 5-88　未交叉绑扎，同时未满 6 圈

图 5-89　绑扎线散乱

（4）匝丝末端未按压下去，需要标注为绑扎线不规范，如图 5-90 所示。

3. 不需要标注的情况

（1）两边均绑扎 6 圈以上，且交叉绑扎，不标注绑扎线不规范，如图 5-91 所示。

图 5-90　匝丝末端未按压下去

图 5-91　不需要标注

（2）终端杆回绑捆绑，不需要标注绑扎线不规范，如图 5-92 所示。

图 5-92　不需要标注

（3）导线侧绑且绑扎圈数正常，不标注绑扎线不规范。

（4）导线未绑扎，无须标注绑扎线不规范，需使用导线未绑扎标签。

5.3.13　绝缘子固定不牢固（倾斜）

1. 标注对象

柱式绝缘子应垂直于塔头、横担平面安装，当绝缘子中心轴和塔头、横担平面有一定倾斜角时，绝缘子产生了倾斜，需标注绝缘子固定不牢固（倾斜）。标注时需包含绝缘子和底座部分一起标注。

2. 需要标注的情况

绝缘子倾斜，如图 5–93 所示。

图 5–93　绝缘子倾斜

3. 不需要标注的情况

（1）瓷横担绝缘子不标注绝缘子固定不牢固（倾斜），如图 5–94 所示。

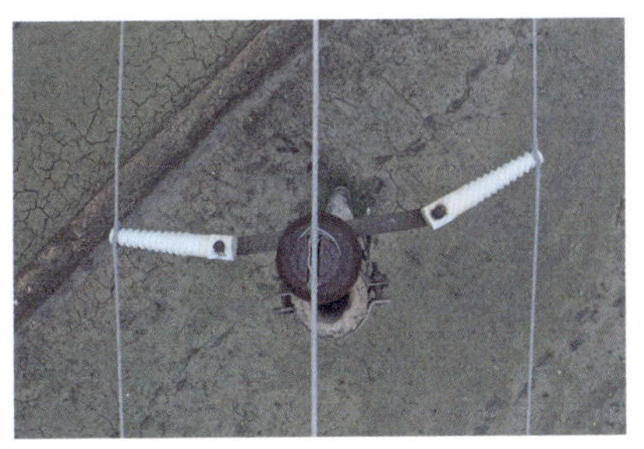

图 5–94　不需要标注的情况

（2）视角原因实际没有倾斜的情况下，不标注绝缘子固定不牢固（倾斜），如图 5–95 所示。

（3）水平于横担平面安装的绝缘子，仅起到固定导线作用，不承受导线所产生的拉力，不标注绝缘子固定不牢固（倾斜），如图 5–96 所示。

（4）悬式绝缘子无须标注绝缘子固定不牢固（倾斜），如图 5–97 所示。

图 5-95　不需要标注的情况

图 5-96　不需要标注的情况

图 5-97　不需要标注的情况

5.3.14　接续线夹绝缘罩缺失或损坏

1. 标注对象

绝缘导线上的接续线夹需要绝缘罩保护，如图 5-98 所示。接续线夹（并沟线夹）绝缘保护罩缺失、破损（线夹产生明显裸露）、放电熔化情况，需要标注接续线夹绝缘罩缺失或损坏。标注时标注线夹本体（含破损的绝缘罩）。

图 5-98　接续线夹绝缘罩

2. 需要标注的情况

（1）接续线夹绝缘罩缺失或损坏，如图 5-99 和图 5-100 所示。

图 5-99　接续线夹绝缘罩缺失

图 5-100　接续线夹绝缘罩损坏

（2）两个相邻线夹绝缘罩缺失或损坏，分别画框标注，如图 5-101 所示。

图 5-101　两个相邻线夹，分开标注

（3）接续线夹放电熔化，如图 5-102 所示。

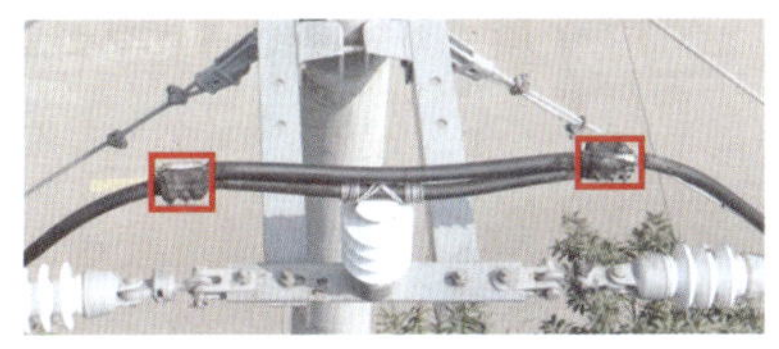

图 5-102　接续线夹放电熔化

3. 不需要标注的情况

（1）线夹接续的两端导线均为裸导线或一端为绝缘导线另一端为裸导线，则接续线夹不需要绝缘罩，不需要标注绝缘罩缺失或损坏，如图 5-103 和图 5-104 所示。

图 5-103　两端均为裸导线，不需要标注

图 5-104　一端为绝缘导线，另一端为裸导线，不需要标注

（2）避雷金具、拉线金具，无须标注接续线夹绝缘罩缺失或损坏，如图 5-105 和图 5-106 所示。

图 5-105　防雷金具，不标注线夹绝缘罩缺失或损坏

图 5-106　拉线金具，不标注线夹绝缘罩缺失或损坏

（3）用于捆绑两根绝缘导线的匝丝，不需要绝缘保护罩，如图 5-107 所示。

图 5-107　不需要标注

5.3.15　耐张线夹绝缘罩缺失或损坏

1. 标注对象

绝缘导线上的耐张线夹需要绝缘罩保护，如图 5-108 所示。耐张线夹绝缘保护罩缺失、破损（线夹产生明显裸露）、放电熔化情况，需要标注耐张线夹绝缘罩缺失或损坏。标注时标注线夹本体（含破损的绝缘罩）。

图 5-108　耐张线夹绝缘罩保护

2. 需要标注的情况

（1）耐张线夹绝缘罩缺失或损坏，如图 5-109 和图 5-110 所示。

图 5-109　耐张线夹绝缘罩缺失

图 5-110　耐张线夹绝缘罩损坏

（2）耐张线夹放电熔化，如图 5–111 所示。

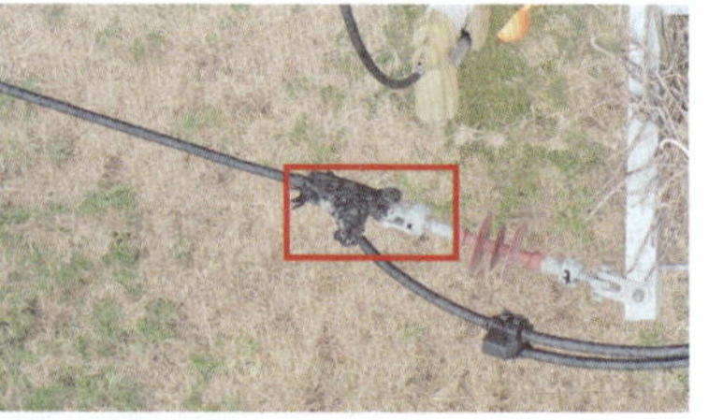

图 5–111　绝缘罩放电熔化

3. 不需要标注的情况

（1）线夹接续的两端导线均为裸导线或一端为绝缘导线另一端为裸导线，则耐张线夹不需要绝缘罩，不需要标注绝缘罩缺失或损坏，如图 5–112 和图 5–113 所示。

图 5–112　两端均为裸导线，不需要标注

图 5–113　一端为绝缘导线，另一端为裸导线，不需要标注

（2）线夹绝缘罩存在轻微开口，但线夹未裸露在外，如图 5–114 所示。

图 5–114　不需要标注的情况

（3）如图 5–115 所示，以下几种类型的耐张线夹不需要在外面装绝缘罩，故不需要标注。

图 5-115　不需要标注的情况

5.3.16　保险销子脱落

1. 标注对象

金具之间连接时，需要用在安装螺母的基础上再安装销钉进行加固，如图 5-116 所示。销钉脱落需要标注保险销子脱落，标注时需要将安装销钉的一截螺栓整体标注进去。

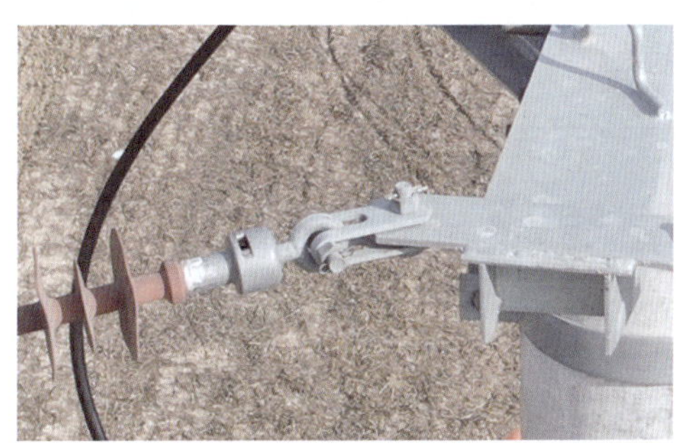

图 5-116　销钉加固

2. 需要标注的情况

（1）销钉丢失，可以看到销钉孔，需要标注，如图 117 所示。

图 5-117　需要标注

（2）销钉丢失，看不到销钉孔（如俯拍），但是连接位置需要销钉加固、需要标注，如图 5-118 所示。

图 5-118　需要标注

3. 不需要标注的情况

（1）遮挡情况下，无法判断销钉是否脱落，不需要标注保险销子脱落，如图 5-119 所示。

图 5-119　不需要标注的情况

（2）保险销子凸出但未脱落，不标注保险销子脱落，如图 5-120 所示。

图 5-120　不需要标注的情况

（3）设备安装、抱箍安装时用的长螺栓、线夹、铁附件上的螺栓，不需要再安装保险销子加固，不需要标注，如图 5-121 所示。

（4）当螺母松动、螺母丢失时，不标注保险销子脱落，优先标注螺母松动或螺母丢失，如图 5-122 所示。

图 5-121　不需要标注的情况

图 5-122　不需要标注的情况

5.3.17　螺母松动

1. 标注对象

金具之间连接时，需要在连接金具间的螺栓上安装螺母进行加固，如图 5-123 所示。螺母松动需要进行标注，标注时需要将安装螺母的一截螺栓整体标注进去。

图 5-123　螺母加固

2. 需要标注的情况

（1）螺母出现肉眼可见的松动，如图 5-124 所示。

图 5-124　螺母松动

（2）螺母松动后螺栓后移的情况，如图 5-125 所示。

图 5-125　螺母松动

3. 不需要标注的情况

销钉未丢失但螺母产生松动的情况不标注。

5.3.18　螺母丢失

1. 标注对象

金具之间连接时，需要在连接金具间的螺栓上安装螺母进行加固，如图 5-126 所示。螺母丢失需要进行标注，标注时需要将安装螺母的一截螺栓整体标注进去。

图 5-126　螺母加固

2. 需要标注的情况

螺母丢失，如图 5-127 所示。

图 5-127　螺母丢失

3. 不需要标注的情况

（1）遮挡无法判断螺母是否丢失，不标注螺母丢失，如图 5-128 所示。

图 5-128　不需要标注

（2）有保险销子固定的情况、槽型绝缘子连接，不需要标注螺母丢失，如图 5-129 所示。

图 5-129　不需要标注

5.3.19　金属氧化物避雷器脱扣

1. 标注对象

图 5-130 所示为可卸式避雷器。固定式、可卸式金属氧化物避雷器脱扣，需要进行标注。标注时包含避雷器本体和脱扣部分一起标注。

图 5-130　可卸式避雷器

2. 需要标注的情况

（1）固定式金属氧化物脱扣，如图 5-131 所示。

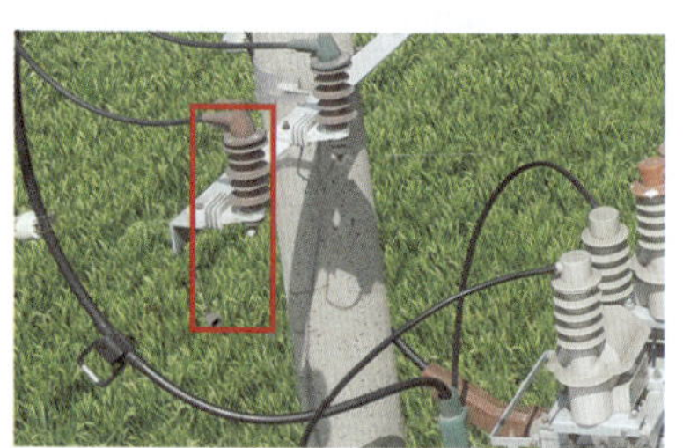

图 5-131　固定式避雷器脱扣

（2）可卸式金属氧化物脱扣，如图 5-132 所示。

图 5-132　可卸式避雷器脱扣

3. 不需要标注的情况

看不见金属氧化物脱扣，统一不标注，如图 5-133 所示。

图 5-133　不需要标注的情况

5.3.20　金属氧化物避雷器脱落

1. 标注对象

可卸式金属氧化物避雷器套管脱落，需要标注金属氧化物避雷器脱落。标注时包含脱落部分一起标注。

2. 需要标注的情况

金属氧化物避雷器脱落，如图 5-134 所示。

图 5-134　可卸式避雷器脱落

3. 不需要标注的情况

暂无。

5.3.21　法兰杆法兰锈蚀

1. 标注对象

只标注锈蚀严重的法兰，标注时可根据锈蚀面积是否大于 50% 来判断。需要包含整个法兰区域标注。

锈蚀严重的判断依据：整体呈现红棕色、红褐色，有锈斑、起皮、掉渣。

2. 需要标注的情况

法兰杆法兰锈蚀严重，如图 5-135 所示。

图 5-135　法兰杆法兰锈蚀

3. 不需要标注的情况

轻微锈蚀，不需要标注，如图 5-136 所示。

图 5-136　不需要标注的情况

5.3.22　横担弯曲、倾斜、松动

1. 标注对象

横担出现弯曲、倾斜、松动情况，标注时将整个横担框住标注。

2. 需要标注的情况

横担弯曲、变形，如图 5-137 ~ 图 5-140 所示。

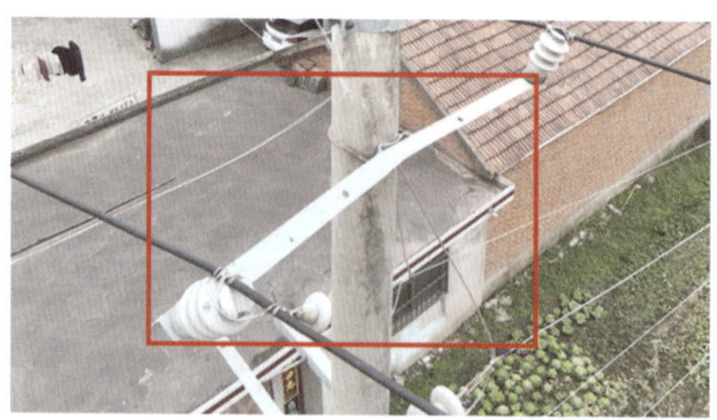

图 5-137　横担弯曲、变形

图 5-138　横担弯曲、变形

图 5-139　横担倾斜

图 5-140　横担弯曲、变形

3. 不需要标注的情况

暂无。

第6章 标注工具使用介绍

说明：标图人员应熟练掌握标图工具的使用，熟记缺陷标识及分类，不要错用标签，要按照标图规范使用标签，掌握对各类设备缺陷部位用框大小，操作要熟练准确。

总控制台入口，如图6–1所示。

图6–1　任务标注

标注员点击“标注”按钮，进入标注页面，如图6–2所示。

当标注任务完成后，点击“提交标注结果”，将标注结果提交给复核员进行复核。

图6–2　标注页面

1. 杆塔查询

可以输入杆塔名称模糊搜索，如图 6–3 所示。

图 6–3　输入杆塔名称搜索

2. 杆塔树结构

如图 6–4 所示，点击杆塔名称，展开当前杆塔下的图片，图片名称前有“部位”名称，名称颜色为红色表示已标注、橙色表示跳过、灰色表示未标注。

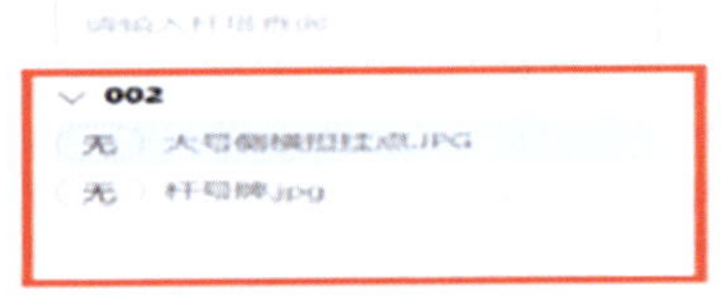

图 6–4　杆塔树结构

3. 标注进度条

图 6–5 所示为标注进度条，展示当前标注数量 / 任务数量。

图 6–5　标注进度条

4. 选择标注标签

图片中有标注的缺陷目标时，在选择标注标签区域选择合适的标签对象后，即可在图片中进行标注。

可以点击右侧的字母快速索引标签，也可点击搜索按钮，搜索需要标注的目标标签，如图 6–6 所示。

5. 标注标签

如图 6–7 所示，已标注标签在标注标签区域展示。鼠标悬浮在标签上，显示删除和隐藏按钮，点击“删除”按钮，可以删除当前标签；点击“隐藏”按钮，可以在图片上切换显示或隐藏对应标注框；也可在一类标签名上点击删除或隐藏按钮，批量删除或隐藏一类标签标注框。

图 6-6　标注标签列表

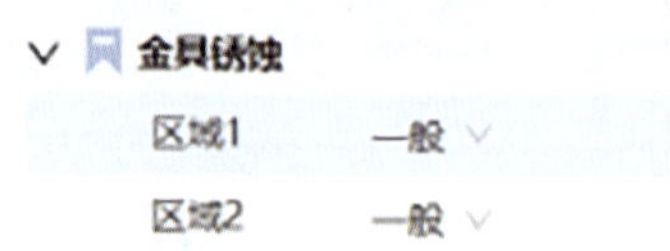

图 6-7　已标注标签

6. 工具栏

图 6–8 所示为标注工具栏操作按钮，现将按钮功能说明如下。

图 6–8　工具栏操作按钮

- 重置缩放：点击重置缩放按钮，图片重置到默认大小。
- 辅助线：选中辅助线按钮，在标注时将有辅助线帮助定位标注框的起点和落点位置。
- 隐藏 / 显示预标注：选中时，可以隐藏图片初始的标注框；取消选中，则显示所有的预标注标签框。
- 显示 / 隐藏标签名称：选中时标签框的左上角显示标签名称，取消选中，则隐藏标签名称。
- 清空标注：点击“清空标注”按钮，可以清空图片中所有的标注框。

- 撤销：点击撤销上一步操作。
- 恢复：点击恢复上一步撤销操作。
- 上一张 / 下一张：点击切换查看上一张、下一张图片。
- 一键重置：点击图片上所有的信息初始化至开始标注前的状态。

7. 快捷键

鼠标悬浮上去，可以查看一些操作的快捷键，如图 6–9 所示。

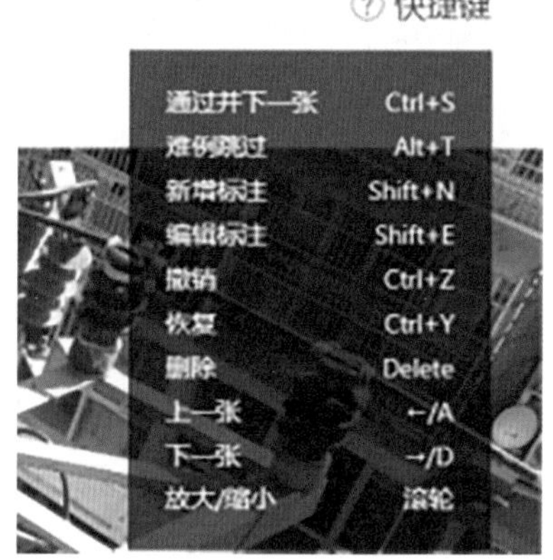

图 6–9　快捷键

8. 新增标签操作

选择标签后，在图片中点击落下起点画框，拉到合适位置后再次点击落下终点完成画框。

鼠标悬浮在某个标注框，点击右键可以提取对应标注框的标签名称，以新的标签名称进行延续标注。

9. 编辑标签操作

鼠标悬浮在某个标注框，点击右键，可以对该标注框进行编辑操作，包括调整框的大小、删除框。

10. 多角度结合标注

点击图片左侧的“》”按钮，从左侧边缘向右展开当前杆塔下的所有图片，标注时可以对比其他角度拍摄的图片中的目标，加强缺陷判断的准确性，如图 6–10 所示。

11. 难例跳过

标注过程中，如遇到不确定的图片，可点击“难例跳过”按钮，将该图片标记为难例，由复核员对难例图片进行标注。

图 6-10　预览同一杆塔下的其他图片

12. 通过并下一张

当前图片完成标注后，可以点击“通过并下一张”按钮，保存当前图片的标注结果，同时自动加载下一张图片进行标注。

第 7 章　能力测试培训系统使用介绍

说明：设备缺陷识别、标图能力测试培训系统是将以上各章知识集成到人机交互培训系统中，标图人员可以自主在机器上学习、练习、能力测试。这里汇聚了该工作具备的知识体系，目前具有 1000 多道题目，供学员练习。

7.1　登录

用户在浏览器输入系统登录地址：http://192.168.1.13:18080/exam/#/login，输入账号密码后，点击“登录”，进入能力测试培训系统主页。

7.2　我的主页

用户登录系统后，进入“我的主页”页面，该页面主要展示用户信息、积分排行榜、考试通知、最近考试、考试及格率、最近学习的课程，如图 7–1 所示。

图 7–1　我的主页

- 用户信息：展示用户姓名、所属团队、积分、排名。
- 积分排行榜：展示积分排名前五的用户。
- 考试通知：展示最近五条考试通知，如有新的未结束的考试，考试名称后显示“new”字样。
- 最近考试：展示最近已完成的五条考试，以及得分情况；点击“更多”，跳转至“我的考试”页面。
- 考试及格率：切换“全部 / 本月”查看历史所有 / 本月参加的考试场数以及及格率；点击更多，跳转至“我的课程页面”。
- 最近学习的课程：展示最近学习的 4 个课程。

7.3 我的课程

点击头部“我的课程”或最新学习的课程中“更多”字样，进入“我的课程”页面，如图 7–2 所示。

可以通过课程学习状态、课程分类、课程名称三个条件进行课程查询。

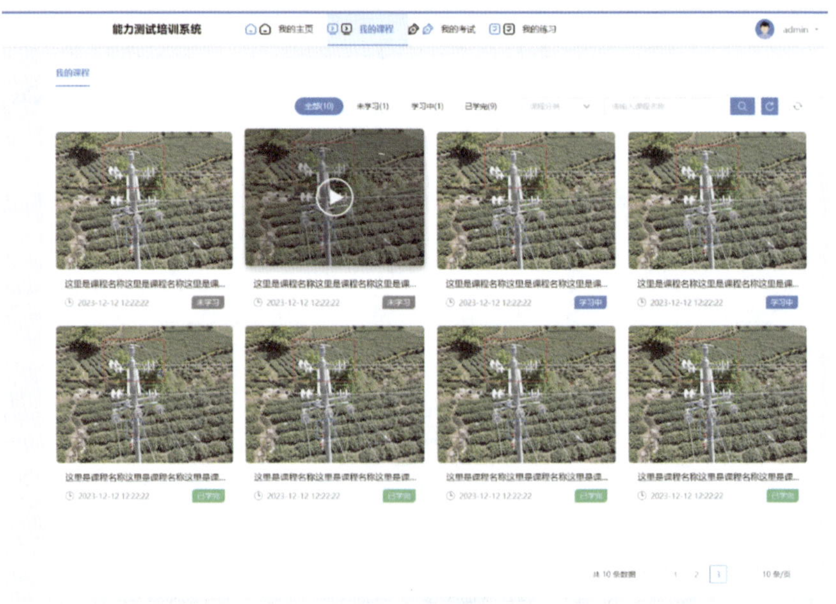

图 7–2　我的课程

- 课程学习状态：点击“全部”“未学习”“学习中”“已学完”，可以查询出全部、未学习、学习中、已学完的课程。课程下所有课件均未学习时，课程学习状态为“未学习”；课程下学习了部分课件时，课程学习

状态为“学习中”；当课程下所有课程均学完时，课程学习状态为“已学完”。

- 课程分类：下拉选择课程分类，查询某一分类下的课程。
- 课程名称：输入课程名称，查询课程。

点击课程名称，进入课程学习页面。

如图 7–3 所示，页面左侧区域为课程视频播放、PDF 文件预览区，右侧为课程课件栏，下方为课程说明。

- 视频播放：在课程课件栏点击视频课件名称，在播放区域进行视频的播放查看，在达到视频设定播放时长前不可拖动进度条播放；当已达到课程设定播放时长后，可以拖动进度条到指定位置播放。
- PDF 预览：在课程课件栏点击 PDF 课件名称，在 PDF 文件预览区查看 PDF 文件。
- 在课件名称后展示课件学习状态，有未学习、学习中、已学完三种状态；开始学习前，课件学习状态为“未学习”；课件学习达到设定时长前，课件学习状态为“学习中”；课件学习达到设定时长后，课件学习状态为“已学完”。

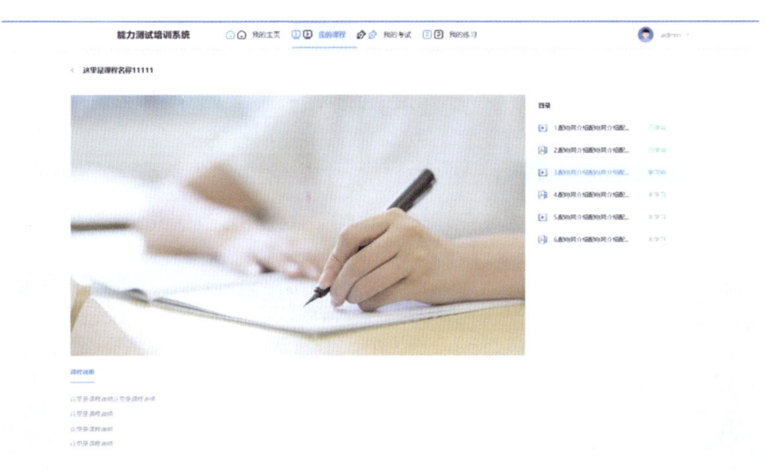

图 7–3　课程学习页面

7.4　我的考试

点击头部“我的考试”或最新考试中“更多”字样，进入“我的考试”页面，如图 7–4 所示。

可以通过考试状态、考试名称两个条件进行考试查询。

- 考试状态：点击“全部”“未开始”“进行中”“已结束”，可以查询出全部、未开始、进行中、已结束的考试。当前时间早于考试开始时间时，考试状态为“未开始”；当前时间在考试开放时间之内且未考完试时，考试状态为“进行中”；完成考试后，考试状态为“已结束”。
- 考试名称：输入考试名称，查询考试。

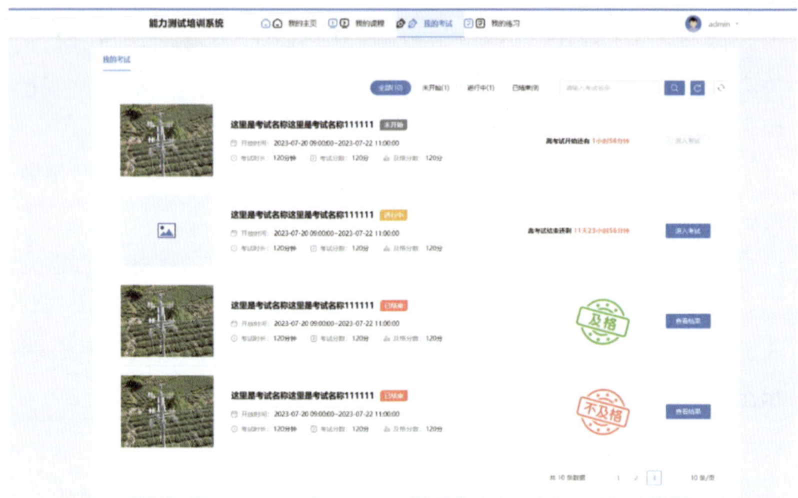

图 7-4　我的考试

如图 7-5 所示，正在进行中的考试，可以点击“进入考试”按钮，弹出考试须知，考生需阅读考试须知，点击“开始答题”按钮，进入考试答题页面。

图 7-5　考试须知和结果查看

7.4.1　开始考试

（1）考试页面说明

图 7–6 所示为考试中页面，现将相关功能进行说明。

- 考试名称：本场考试的名称。
- 考试试题：题干前显示题型，有单选题、多选题、判断题、实操题四种题型。
- 考试剩余时长 / 单题剩余时长：截至考试结束 / 本题答题结束还剩余的时间。
- 答题卡：展示各类题型的分值、答题状态（蓝色为已答题、红色为未答题）。

（2）理论题答题说明：鼠标点击选项前的勾选按钮，完成题目答题，其中单选题和判断题只能勾选一个答案，多选题可以勾选多个答案。

（3）实操题答题说明：查看并判断图中的缺陷情况，选择合适的标注标签后，在图片中进行缺陷标注，标注时需按照缺陷标注规范对图片中存在的缺陷进行标注，如已标注框的大小和位置和规范标注框的 IoU 低于设定的值时，标注的标签将不得分。

（4）提交考试：当所有题目完成答题后，可以点击“提交考试”按钮，完成考试答题提交，考试结束，弹窗显示本次考试的得分情况。

查看试卷—理论题

图 7–6　查看试卷

7.4.2 查看结果

已结束的考试，可以点击“查看结果”按钮，进入考试答题结果查看页面，如图 7–7 所示。

在答题结果查看页面，展示考生选择的选项以及答题正确错误结果，答对的选项用绿色显示，答错的选项用红色显示。

在题目下展示回答正确或错误情况、正确答案和题目解析内容。

考试用时：本次考试所用时长。

答题卡：答对的题目序号用绿色填充，答错的题目序号用红色填充。

图 7–7　查看考试结果

7.5 我的练习

点击头部“我的课程”字样，进入“我的练习”页面。

用户可以选择理论题目练习或实操题目练习。在练习前可以设置练习的题库范围、题目难度、各类题型的数量，完成设置后点击开始练习，进入到练习页面。

在练习页面，用户选择单选题或判断题的选项后，马上进行答题正确或错误的反馈；用户在进行多选题或实操题练习时，需要在选择选项或完成标注后，点击“确定”按钮，完成该题的练习，系统进行答题正确或答题错误的反馈。当练习结束后，可以返回至“我的练习”页面；未结束的练习可以再次进入开始练习。

第 8 章 标注人员培训教材习题库

8.1 配电网基础知识

1. 判断题

1. 电力线路一般可分为输电线路和配电线路。（ ）
2. 配电线路特别是农村配电线路基本以架空电力线路为主。（ ）
3. 导线用来传导电压，输送电流。（ ）
4. 电力网是由变电所和不同电压等级的输电线路组成的。（ ）
5. 配电系统是由多种配电设备（或元件）和配电设施所组成的变换电压和直接向终端用户分配电能的电力网络系统。（ ）
6. 配电网中、高压输电线路是用四根导线输送电能。（ ）
7. 低压配电网架空线路使用四根导线输送电能。（ ）
8. 10kV 导线对地垂直距离（弧垂最低点）10m。（ ）

2. 单选题

9. 中压配电线路的电压等级一般为（ ）。

A.220/380V　　B.10kV 或 20kV

C.35kV 或 110kV　　D.220kV

10. 电力线路的导线是用来（ ）。

A. 输送电能、分配电能　　B. 输送电能、变换电能

C. 输送电能、消耗电能　　D. 传导电流、输送电能

11. 10kV 配电线路档距：城郊及农村为（ ）m。

A.50 ~ 80　　B.100 ~ 150　　C.60 ~ 100　　D.200 ~ 300

12. 10kV 导线对建筑物（树梢）垂直距离为（ ）m。

A.3　　B.10　　C.1.5　　D.7

13. 相邻两塔杆导线悬挂点连线中点对导线最低点距离称为（ ）。

A. 垂距　　B. 档距

C. 导线挂点高度　　D. 弧垂

14. 10kV 导线弧垂最低点对大地垂直距离为（ ）m。

A.3　　B.20　　C.1.5　　D.7

3. 多选题

15. 高压配电线路的电压等级一般为（　　　　）。

A.220/380V　　B.10kV　　C.20kV

D.35kV　　E.110kV

16. 电力线路按架设方式可分为（　　　　）两大类。

A. 输电线路　　B. 架空电力线路

C. 电缆电力线路　　D. 配电线路

17. 电力线路的导线是用来（　　　　）。

A. 分配电能　　B. 变换电能　　C. 传导电流　　D. 输送电能

8.2　配电网架空线路基本组成

1. 判断题

18. 架空绝缘导线与裸导线相比，其最明显特点是耐气候老化。（　　）

19. 采用架空绝缘导线比裸导线增大导线的线间距离和对建筑物、树木的间距。（　　）

20. 直线杆承受导线的垂直负荷和侧向风力，还承受沿线路方向的导线拉力。（　　）

21. 耐张杆（承力杆）：在断线事故发生时，能承受一侧导线的拉力。（　　）

22. 转角杆用于导线要转角的地方。（　　）

23. 终端杆是位于线路的始端和终端。（　　）

24. 跨越杆用于铁道、河流、道路和电力线路交叉的两侧。电杆高，而且承受力小。（　　）

25. 转角杆在 30° ~ 45° 时，除用双横担外，两侧导线应用跳线连接（结构同耐张杆），在导线拉力反方向各装一根拉线。（　　）

26. 金具用来固定导线，并使导线与杆塔之间保持绝缘状态。（　　）

27. 分支杆设在分支线路连接处，在分支杆上应装拉线，用来平衡分支线拉力。（　　）

28. 杆塔主要用来支撑导线、地线和其他附件。（　　）

29. 金具在架空线路中主要用于支持、固定、连接、接续、调节保护作用。（　　）

30. 杆塔基础用来加强杆塔的强度，承担外部荷载的作用力。（　　）

31. 钢筋混凝土杆俗称水泥杆，是由钢筋和混凝土在离心滚杆机内浇制而成。（　　）
32. 在正常运行情况下，直线杆塔一般不承受顺线路方向的张力，主要承受垂直荷载以及水平荷载。（　　）
33. 架空线路中发生断线、倒杆事故时，耐张杆可以将事故控制在一个耐张段内。（　　）
34. 架空线路中的直线杆用于限制线路发生断线、倒杆事故时波及范围。（　　）
35. 底盘是埋（垫）在电杆底部的方（圆）形盘，承受电杆的下压力并将其传递到地基上，以防电杆下沉。（　　）
36. 位于线路最末端一基杆塔属于直线杆。（　　）
37. 拉盘用来承受拉线的上拔力，稳住电杆，以防电杆上拔。（　　）
38. 卡盘的作用是承受电杆的横向力，增加电杆的抗倾覆力，防止电杆下沉。（　　）
39. 架空导线多采用钢芯铝绞线，其钢芯的主要作用是提高机械强度。（　　）
40. 针式绝缘子主要用于终端杆塔或转角杆塔上，也有在耐张杆塔上用以固定导线。（　　）
41. 一针式绝缘子主要用于直线杆塔或角度较小的转角杆塔上，也有在耐张杆塔上用以固导线跳线。（　　）
42. 悬式绝缘子具有良好的电气性能和较高的机械强度，按防污性能分为普通型和防污型两种。（　　）
43. 悬式绝缘子一般安装在高压架空线路耐张杆塔、终端杆塔或分支杆塔上，作为耐张绝缘子串使用。（　　）
44. 棒式绝缘子一般只能用在一些受力比较小的承力杆，且不宜用于跨越公路、铁路、航道或市中心区域等重要地区的线路。（　　）
45. 棒式绝缘子可以代替悬式绝缘子串或蝶式绝缘子用于架空配电线路的耐张杆塔、终端杆塔或分支杆塔，作为耐张绝缘子使用。（　　）
46. 拉线按其作用可分为张力拉线和角度拉线两种。（　　）
47. 普通拉线用于线路的转角、耐张、终端、分支杆塔等处起平衡拉力作用。（　　）
48. 横担定位在电杆的上部，用来支持绝缘子和导线等，并使导线间满足规定的距离。（　　）
49. 接续金具的作用是将悬式绝缘子连接成串，并将一串或数串绝缘子连接

起来悬挂在横担上。 ( )

50. 金具必须有足够的机械强度，并能满足耐腐蚀的要求。 ( )
51. 线路金具是指连接和组合线路上各类装置，以传递机械电气负荷以及起到某种防护作用的金属附件。 ( )
52. 耐张线夹用于耐张、终端、分支等杆塔上紧固导线，使其固定在绝缘子串或横担上。 ( )
53. 拉线金具用于拉线的连接、紧固和调节。 ( )
54. 上拉线紧固金具主要有楔形线夹、预绞丝和钢线卡子等。 ( )
55. 横担按材料可分为铁横担、瓷横担、合成绝缘横担。 ( )
56. 双横担使用串钉连接固定在电杆上。 ( )
57. 绝缘子起到支撑、固定导线，并使导线与杆塔金具接地体连接。( )
58. 10kV 线路采用一片悬式绝缘子组成绝缘子串悬挂导线。 ( )
59. 悬式绝缘子主要用于架空配电线路直线杆。 ( )
60. 耐张线夹又名紧固金具，是将导线固定在非直线杆塔的耐张绝缘子串上。 ( )
61. 连接金具将悬式绝缘子组装成串，并将一串或数串绝缘子串连接，悬挂在杆塔横担上，承受机械载荷。 ( )
62. 专用连接金具有球头挂环、U 形挂板、直角挂环、直角挂板。 ( )
63. 通用连接金具有 U 形挂环、U 形挂板、直角挂板、平行挂板。 ( )
64. 接续金具是指用于两根导线之间的接续，并能满足导线所具有的机械及电气性能要求的金具。 ( )
65. 耐张型杆塔上跳线连接用的跳线线夹和并沟线夹是承力金具。 ( )
66. 两根导线通过压接管的连接延长导线长度，压接管是承力金具。( )
67. 常用的拉线金具种类有钢丝卡子、楔形线夹（俗称上把）、UT 线夹（俗称下把）、拉线用 U 形挂环、拉线抱箍等。 ( )
68. 防弧线夹是一种防雷金具。 ( )
69. 杆塔底盘是放在最下面，给电杆支撑，是用于承受由杆体传下的下压力，防止底下泥土太松，电杆下沉。 ( )
70. 拉线的作用是平衡杆塔承受的水平风力和导线的张力，防止电杆弯曲或倾倒。 ( )
71. 拉线的上端固定于电杆的拉线抱箍处，下端与拉线棒连接。上端采用楔形线夹固定，称为“下把”。下端采用 UT 形线夹固定，称为“上把”。 ( )
72. 普通拉线用于线路的终端杆塔、小角度的转角杆塔、耐张杆塔等处，主

要起平衡张力的作用。一般和电杆成 80° 角。（　　）

73. 电杆单横担用串钉与电杆连接。（　　）

74. 双横担用 U 形抱箍与电杆连接。（　　）

75. 耐张线夹是紧固金具。（　　）

76. 绝缘子的伞是绝缘子主体上突出的绝缘部分，用以增加爬电距离。（　　）

77. 绝缘子的闪络是在绝缘子外部且沿其表面的一种贯穿性放电。（　　）

78. 绝缘子的击穿是穿过绝缘子固定绝缘材料，使其绝缘强度永久丧失的一种破坏性放电。（　　）

79. 耐张线夹又名紧固金具，是将导线固定在直线杆塔的耐张绝缘子串上。（　　）

80. 绝缘罩与耐张线夹配套使用，起绝缘防护作用。（　　）

81. 接续金具主要分为承力接续、非承力接续两种。（　　）

82. 承力型接续金具有钳压、液压两种形式的压接管。（　　）

83. 非承力型接续金具用在带张力的导线上。（　　）

84. 耐张型杆塔上跳线连接用的跳线线夹和并沟线夹。（　　）

85. C 形线夹和并沟线夹用于非张力位置上 T 接（分支）接续、并线续流连接、跳线连接，属非承力连接金具。（　　）

86. 直线杆柱式绝缘子导线固定应采用顶槽绑扎法。（　　）

87. 直线转角杆采用边槽绑扎法，柱式绝缘子导线应固定在转角外侧的槽内；瓷横担绝缘子导线应固定在第一裙内。（　　）

88. 拉线连接金具的作用是使拉线与杆塔、其他拉线金具连接成整体，主要有拉线 U 形挂环、二连板等。（　　）

2. 单选题

89. 架空电力线路构成的主要元件有导线、杆塔、绝缘子、金具、拉线、基础、(　　) 等。

A. 支架和接地装置　　B. 支架和避雷器

C. 接地装置和架空线　　D. 防雷设备和接地装置

90. 绝缘子是用来（　　)。

A. 连接导线　　B. 将导线与杆塔连接

C. 将导线与杆塔固定和绝缘　　D. 将导线支撑

91. 直线杆塔一般位于线路的（　　)。

A. 直线段　　B. 耐张　　C. 转角　　D. 终端

92. 正常情况下直线杆塔仅承受（　　）。

A. 导线顺线路方向的张力　　B. 导线、绝缘子、覆冰等重量和风力

C. 相邻两档导线的不平衡张力　　D. 导线断线张力

93. 钢筋混凝土杆俗称（　　）。

A. 木杆　　B. 水泥杆　　C. 金属杆　　D. 直线杆

94. 正常情况下直线杆塔一般不承受（　　）。

A. 导线顺线路方向的张力　　B. 导线、绝缘子的重量

C. 导线覆冰的重量　　D. 导线的风力

95. 耐张杆塔一般位于线路的（　　）。

A. 终端处　　B. 跨越处　　C. 转角处　　D. 直线分段处

96. 架空线路中的（　　）用于限制线路发生断线、倒杆事故时的波及范围。

A. 直线塔杆　　B. 耐张塔杆　　C. 转角塔杆　　D. 终端塔杆

97. 电杆底盘基础的作用是（　　）。

A. 以防电杆倒塌　　B. 以防电线杆上拔

C. 以防电线杆下沉　　D. 以防电线杆倾覆

98. 杆塔基础的拉盘作用是（　　）。

A. 以防电线杆上拔　　B. 稳住电杆

C. 以防电杆下沉　　D. 锚固拉线

99. 针式绝缘子主要用于（　　）。

A.10kV 以下线路　　B.35kV 以上线路

C. 直流线路　　D. 低压配电线路

100. 可兼做绝缘子和横担的是（　　）。

A. 木横担　　B. 瓷横担　　C. 铁横担　　D. 橡胶横担

101. 绝缘子的材质一般为（　　）。

A. 铜　　B. 玻璃、电磁　　C. 铸钢　　D. 铝

102. 拉线的作用是为了在架设导线后能平衡杆塔所承受的导线张力和水平风力，以（　　）、影响安全正常供电。

A. 防止杆塔折断　　B. 防止杆塔倾倒

C. 防止杆塔上拔　　D. 防止杆塔下沉

103. 拉线的作用是为了在架设导线后能平衡杆塔所承受的（　　）水平风力，以防止杆塔倾倒、影响安全正常供电。

A. 导线张力　　B. 导线上拔力　　C. 杆塔上拔力　　D. 塔杆下压力

104. 连接金具的作用是（　　），并将一串或数串绝缘子连接起来悬挂在横担上。

A. 用于拉线的连接　　　　B. 将悬式绝缘子组装成串
C. 用于拉线的调节　　　　D. 使导线和避雷线固定在绝缘子或杆塔上

105. 球头挂环属于（　　）。
A. 支持金具　B. 保护金具　C. 连接金具　D. 接续金具

106.（　　）的作用是用于导线连接和修补等。
A. 支持金具　B. 连接金具　C. 接续金具　D. 保护金具

107. 接续金具的作用是用于（　　）等。
A. 用于拉线的连接　　　　B. 将悬式绝缘子组装成串
C. 导线的连接和修补　　　D. 使导线和避雷线固定在绝缘子或塔杆上

108.（　　）的作用是用于拉线的连接、紧固和调节。
A. 支持金具　B. 连接金具　C. 拉线金具　D. 保护金具

109. 电杆单横担用（　　）与电杆连接。
A. U 形抱箍　B. 串钉　C. 接续金具

110. 电杆双横担用（　　）与电杆连接。
A. U 形抱箍　B. 串钉　C. 接续金具　D. 线夹

111. 下图电杆是（　　）。

A. 直线杆　B. 耐张杆　C. 终端杆　D. 转角杆

112. 下图电杆是（　　）。

A. 直线杆　B. 耐张杆　C. 分支杆　D. 转角杆

113. 下图电杆是（　　）。

A. 直线杆　　B. 终端杆　　C. 分支杆　　D. 转角杆

114. 下面的连接金具是（　　）。

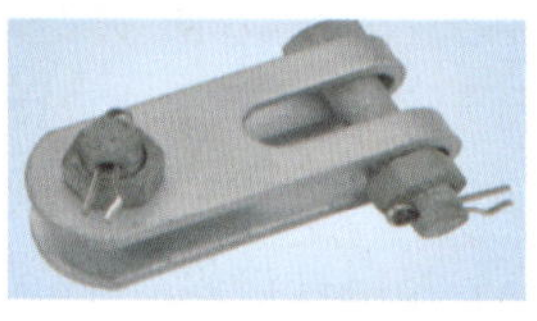

A. 直角挂板　B. 碗头挂板　C. 直角挂环　D. 平行挂板

115. 下面的杆塔是（　　）。

A. 直线杆　　B. 终端杆　　C. 分支杆　　D. 转角杆

116. 下面的杆塔是（　　）。

A. 直线杆　　B. 终端杆　　C. 分支杆　　D. 跨越杆

117. 下图是（　　）绝缘子。

A. 复合针式　B. 悬式　C. 棒式　D. 柱式

118. 下图电杆上使用的是（　　）绝缘子支撑导线。

A. 复合针式　B. 悬式　C. 瓷横担　D. 柱式

119. 下图是（　　）绝缘子。

A. 瓷柱式　B. 瓷悬式　C. 瓷横担　D. 复合针式

120. 下图是（　　）绝缘子。

A. 玻璃悬式　B. 瓷柱式　C. 瓷横担　D. 复合针式

121. 下图是（　　）绝缘子。

A. 针式　　B. 瓷柱式　　C. 瓷横担　　D. 复合针式

122. 下图是（　　）绝缘子。

A. 防雷复合针式　　B. 防雷瓷柱式

C. 固定式避雷器　　D. 复合针式

123. 下图是（　　）绝缘子。

A. 防雷复合针式　　B. 防雷瓷柱式

C. 固定式避雷器　　D. 复合横担

124. 下图是（　　）。

A. 防雷复合针式绝缘子　　B. 防雷瓷柱式绝缘子

C. 固定式避雷器　　D. 防雷金具

125. 下图是（　　）。

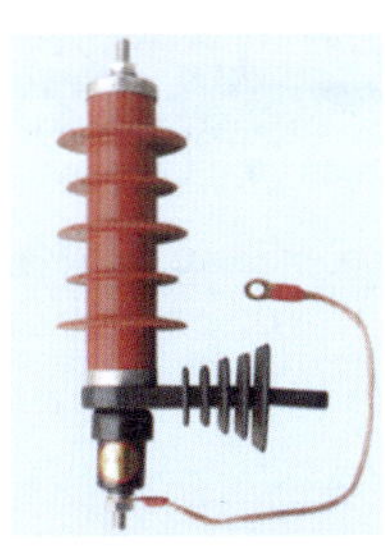

A. 防雷绝缘子　　B. 固定脱离器式避雷器
C. 固定式避雷器　　D. 跌落式避雷器

126. 下图是（　　）。

A. 跌落式熔断器　　B. 复合柱式绝缘子
C. 固定式避雷器　　D. 跌落式避雷器

127. 下图是（　　）。

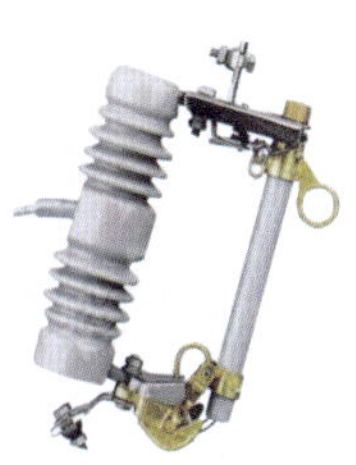

A. 跌落式避雷器　　B. 复合柱式绝缘子
C. 固定式避雷器　　D. 跌落式熔断器

128. 下图是（　　）。

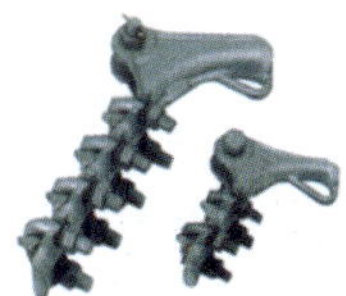

A. 倒装螺栓型耐张线夹　　B. 楔形耐张线夹
C. 液压型耐张线夹

129. 下图是（　　）。

A. 倒装螺栓型耐张线夹　　B. 楔形耐张线夹
C. 液压型耐张线夹

130. 下图是（　　）。

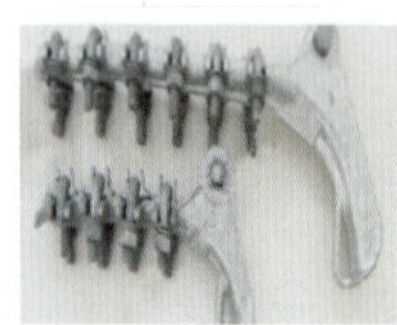

A. 倒装螺栓型耐张线夹　　B. 楔形耐张线夹
C. 液压型耐张线夹

131. 下图是（　　）。

A. 倒装螺栓型耐张线夹　　B. 楔形耐张线夹
C. 液压型耐张线夹

132. 下图金具是（　　）。

A. 直角挂板　B. 球头挂环　C. 碗头挂板　D. U 形挂环

133. 下图金具是（　　）。

A. 直角挂板　B. 球头挂环　C. 碗头挂板　D. U 形挂环

134. 下图金具是（　　）。

A. 直角挂板　B. 球头挂环　C. 碗头挂板　D. U 形挂环

135. 下图金具是（　　）。

A. 直角挂环　B. 球头挂环　C. 碗头挂板　D. U 形挂环

136. 下图金具是（　　）。

A. 直角挂环　B. U 形螺栓　C. 碗头挂板　D. 平行挂板

137. 下图金具是（　　）。

A. 直角挂环　B. U 形螺栓　C. 碗头挂板　D. 平行挂板

138. 下图金具是（　　）。

A. C 形线夹　B. 并沟线夹

C. 楔形耐张线夹　D. 接续管

139. 下图金具是（　　）。

A. C 形线夹　B. 接续管

C. 楔形耐张线夹　D. 并沟线夹

140. 下图金具是（　　）。

A. UT 形线夹　　B. 接续管

C. 楔形耐张线夹　　D. 并沟线夹

141. 下图金具是（　　）。

A. UT 形线夹　　B. 导线接线端子

C. 楔形耐张线夹　　D. 并沟线夹

142. 下图转角杆角度在（　　）使用双横担侧绑方式。

A. 15° 以内　B. 15° ~ 30° 时　C. 30° ~ 45° 时　D. 45° ~ 90° 时

143. 下图箭头所指的部件是（　　）。

A. 柱式绝缘子　　B. 针式绝缘子

C. 复合绝缘子　　D. 线路避雷器

144. 按顺序指出下图中编号部件的名称：(　　)。

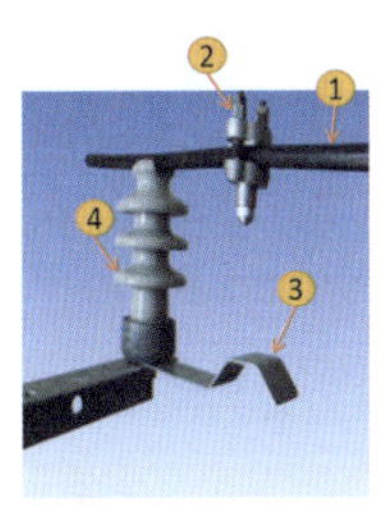

A. ①穿刺线夹　②绝缘导线　③接地极　④瓷支柱绝缘子
B. ①绝缘导线　②非穿刺线夹　③接地极　④瓷支柱绝缘子
C. ①绝缘导线　②非穿刺线夹　③瓷支柱绝缘子　④接地极
D. ①非穿刺线夹　②绝缘导线　③瓷支柱绝缘子　④接地极

145. 按顺序指出下图中编号部件的名称：(　　)。

A. ①球头挂环　②直角挂板　③盘形悬式绝缘子　④双联碗头挂板　⑤楔形耐张线夹
B. ①直角挂板　②球头挂环　③双联碗头挂板　④楔形耐张线夹　⑤盘形悬式绝缘子
C. ①直角挂板　②球头挂环　③盘形悬式绝缘子　④楔形耐张线夹　⑤双联碗头挂板
D. ①直角挂板　②球头挂环　③盘形悬式绝缘子　④双联碗头挂板　⑤楔形耐张线夹

146. 按顺序指出下图中编号部件的名称：(　　)。

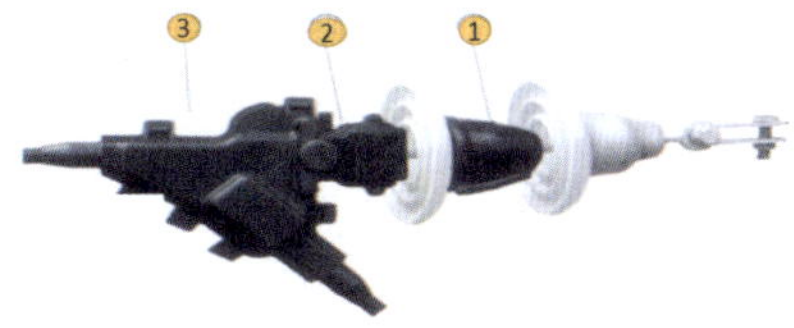

A. ①盘形悬式绝缘子绝缘罩　②碗头挂板绝缘罩　③楔形耐张线夹绝缘罩
B. ①盘形悬式绝缘子绝缘罩　②碗头挂板绝缘罩　③自黏性绝缘带

C. ①盘形悬式绝缘子绝缘罩　②楔形耐张线夹绝缘罩　③碗头挂板绝缘罩

D. ①盘形悬式绝缘子绝缘罩　②自黏性绝缘带　③楔形耐张线夹绝缘罩

147. 按顺序指出下图中编号部件的名称：(　　)。

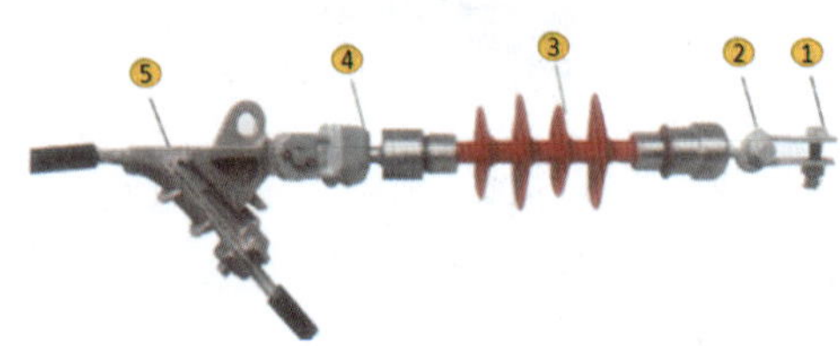

A. ①直角挂板　②复合绝缘子　③球头挂环　④双联碗头挂板　⑤楔形耐张线夹

B. ①直角挂板　②球头挂环　③复合绝缘子　④楔形耐张线夹　⑤双联碗头挂板

C. ①直角挂板　②球头挂环　③复合绝缘子　④双联碗头挂板　⑤楔形耐张线夹

D. ①直角挂板　②复合绝缘子　③球头挂环　④楔形耐张线夹　⑤双联碗头挂板

148. 按顺序指出下图中编号部件的名称：(　　)。

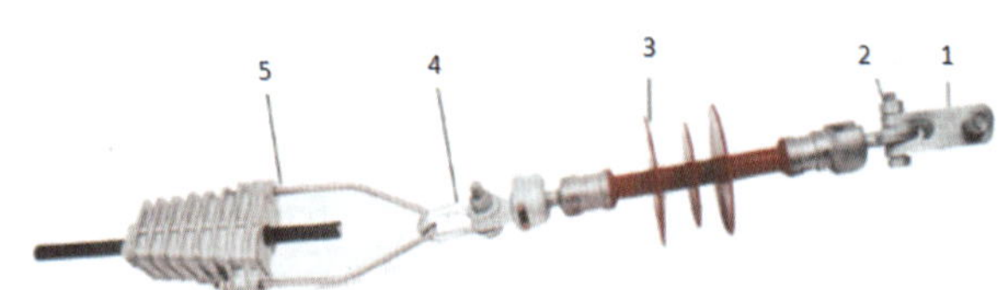

A. ①直角挂板　②复合绝缘子　③球头挂环　④U 形挂环　⑤楔形耐张线夹

B. ①直角挂板　②球头挂环　③复合绝缘子　④U 形挂环　⑤楔形耐张线夹

C. ①直角挂板　②球头挂环　③复合绝缘子　④楔形耐张线夹⑤U 形挂环

D. ①直角挂板　②复合绝缘子　③球头挂环　④楔形耐张线夹　⑤U 形挂环

149. 按顺序指出下图中编号部件的名称：(　　)。

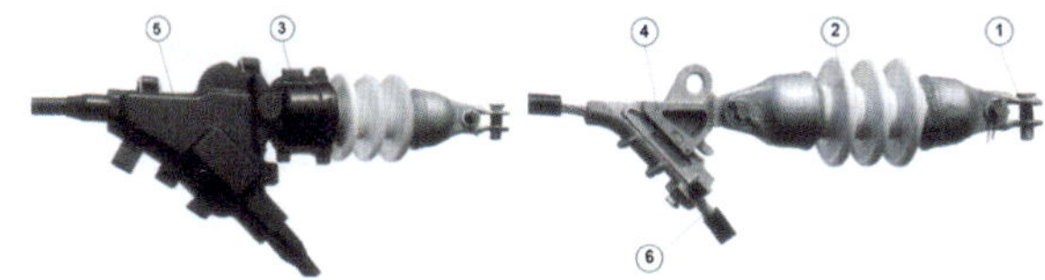

A. ① U 形挂环　②双铁头瓷拉棒　③自黏性绝缘带　④楔形耐张线夹绝缘罩　⑤楔形耐张线夹

B. ① U 形挂环　②双铁头瓷拉棒　③楔形耐张线夹　④楔形耐张线夹绝缘罩⑤自黏性绝缘带

C. ① U 形挂环　②双铁头瓷拉棒　③楔形耐张线夹绝缘罩　④自黏性绝缘带⑤楔形耐张线夹

D. ①双铁头瓷拉棒　② U 形挂环　③楔形耐张线夹　④楔形耐张线夹绝缘罩　⑤自黏性绝缘带

150. 按顺序指出下图转角杆中编号部件的名称：(　　)。

A. ①防雷柱式绝缘子　②悬式绝缘子　③顶帽　④铁横担

B. ①复合针式绝缘子　②防雷柱式绝缘子　③铁横担　④顶帽

C. ①复合针式绝缘子　②防雷柱式绝缘子　③顶帽　④铁横担

D. ①防雷柱式绝缘子　②复合针式绝缘子　③铁横担　④顶帽

151. 按顺序指出下图直线杆中编号部件的名称：(　　)。

A. ①防雷柱式绝缘子　②顶帽　③ U 形抱箍　④绝缘导线

B. ①防雷柱式绝缘子　②顶帽　③ U 形抱箍　④复合针式绝缘子

C. ①防雷柱式绝缘子　②顶帽　③绝缘导线　④ U 形抱箍

D. ①防雷柱式绝缘子　②顶帽　③复合针式绝缘子 ④ U 形抱箍

152. 按顺序指出下图转角杆中编号部件的名称：(　　)。

A. ①玻璃悬式绝缘子　②双横担　③并沟线夹　④瓷横担绝缘子

B. ①双横担　②玻璃悬式绝缘子　③并沟线夹　④瓷横担绝缘子

C. ①玻璃悬式绝缘子　②双横担　③瓷横担绝缘子　④耐张线夹

D. ①双横担　②玻璃悬式绝缘子　③瓷横担绝缘子　④并沟线夹

153. 按顺序指出下图转角杆中编号部件的名称：(　　)。

A. ①耐张线夹　②并沟线夹　③球头挂环　④直角挂板

B. ①耐张线夹　②并沟线夹　③直角挂板　④球头挂环

C. ①耐张线夹　②玻璃悬式绝缘子　③球头挂环　④直角挂板

D. ①耐张线夹　②玻璃悬式绝缘子　③直角挂板　④球头挂环

154. 按顺序指出下图耐张塔中编号部件的名称：(　　)。

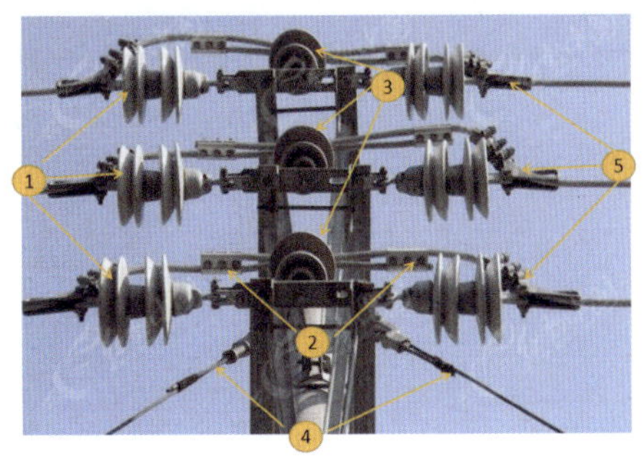

A. ①悬式绝缘子　②并沟线夹　③拉线　④柱式绝缘子　⑤耐张线夹

B. ①悬式绝缘子　②并沟线夹　③柱式绝缘子　④拉线　⑤耐张线夹

C. ①悬式绝缘子　②并沟线夹　③柱式绝缘子　④耐张线夹　⑤拉线

D. ①悬式绝缘子　②并沟线夹　③柱式绝缘子　④柱式绝缘子　⑤拉线

155. 按顺序指出下图耐张塔中编号部件的名称：(　　)。

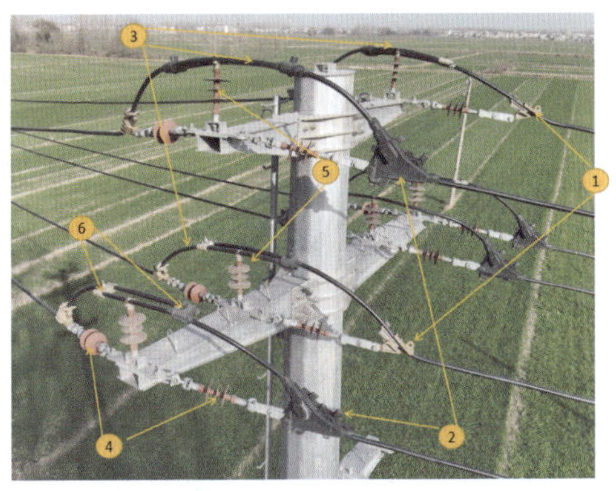

A. ①楔形耐张线夹　②楔形耐张线夹绝缘罩　③跳线　④复合悬式绝缘子　⑤复合针式绝缘子　⑥C 形线夹

B. ①楔形耐张线夹　②楔形耐张线夹绝缘罩　③跳线　④复合悬式绝缘子　⑤C 形线夹　⑥复合针式绝缘子

C. ①楔形耐张线夹　②楔形耐张线夹绝缘罩　③跳线　④复合针式绝缘子　⑤复合悬式绝缘子　⑥C 形线夹

D. ①楔形耐张线夹　②楔形耐张线夹绝缘罩　③复合悬式绝缘子　④跳线　⑤复合针式绝缘子　⑥C 形线夹

156. 按顺序指出下图终端杆中编号部件的名称：(　　)。

A. ①复合悬式绝缘子　②避雷器　③跳线　④并沟线夹　⑤楔形耐张线夹　⑥串钉

B. ①避雷器　②复合悬式绝缘子　③并沟线夹　④跳线　⑤串钉　⑥楔形耐张线夹

C. ①避雷器　②复合悬式绝缘子　③跳线　④并沟线夹　⑤串钉　⑥楔形耐张线夹

D. ①避雷器　②复合悬式绝缘子　③并沟线夹　④跳线　⑤楔形耐张线夹　⑥串钉

157. 按顺序指出下图分支杆中编号部件的名称：(　　)。

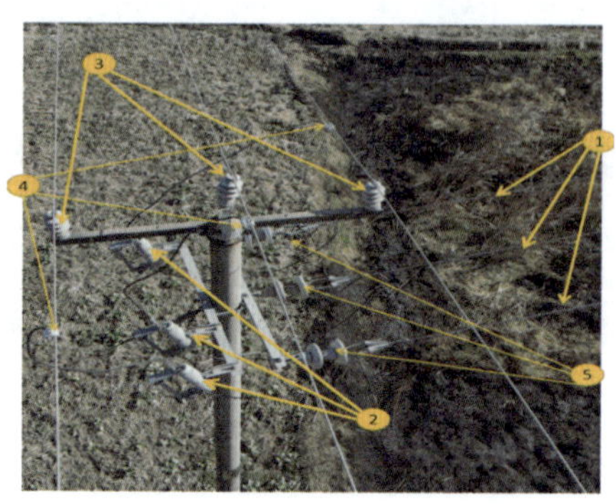

A. ①分支线　②柱式绝缘子　③跌落式熔断器　④并沟线夹　⑤瓷悬式绝缘子

B. ①分支线　②跌落式熔断器　③柱式绝缘子　④瓷悬式绝缘子　⑤并沟线夹

C. ①分支线　②跌落式熔断器　③柱式绝缘子　④并沟线夹　⑤瓷悬式绝缘子

D. ①分支线　②柱式绝缘子　③跌落式熔断器　④瓷悬式绝缘子　⑤并沟线夹

158. 按顺序指出下图耐张杆中编号部件的名称：(　　)。

A. ①楔形耐张线夹　②直角挂板　③球头挂环　④复合悬式绝缘子　⑤双联碗头挂板

B. ①楔形耐张线夹　②直角挂板　③复合悬式绝缘子　④球头挂环　⑤双联碗头挂板

C. ①楔形耐张线夹　②球头挂环　③直角挂板　④复合悬式绝缘子　⑤双联碗头挂板

D. ①楔形耐张线夹　②球头挂环　③直角挂板　④双联碗头挂板　⑤复合悬式绝缘子

159. 按顺序指出下图终端杆中编号部件的名称：(　　)。

A. ①跌落式避雷器　②直角挂板　③复合悬式绝缘子　④双联碗头挂板　⑤球头挂环

B. ①跌落式避雷器　②直角挂板　③球头挂环　④双联碗头挂板　⑤复合悬式绝缘子

C. ①跌落式避雷器　②直角挂板　③复合悬式绝缘子　④球头挂环　⑤双联碗头挂板

D. ①跌落式避雷器　②直角挂板　③球头挂环　④复合悬式绝缘子　⑤双联碗头挂板

160. 按顺序指出下图终端杆中编号部件的名称：(　　)。

A. ①并沟线夹　②耐张线夹　③固定式避雷器

B. ①并沟线夹　②固定式避雷器　③跌落式避雷器

C. ①并沟线夹　②固定式避雷器　③耐张线夹

D. ①并沟线夹　②跌落式避雷器　③固定式避雷器

161. 按顺序指出下图终端杆中编号部件的名称：(　　)。

A. ① C 形线夹　②验电接地环　③固定式避雷器

B. ① C 形线夹　②验电接地环　③柱式绝缘子

C. ① C 形线夹　②固定式避雷器　③柱式绝缘子

D. ① C 形线夹　②柱式绝缘子　③验电接地环

3. 多选题

162. 电力线路的杆塔用来支撑导线和地线，并使（　　　）以及导线和各种被跨越物之间，保持一定的安全距离。

A. 导线和导线之间　　B. 导线和地线之间

C. 杆塔和杆塔之间　　D. 导线和杆塔之间

163. 架空电力线路构成的主要元件有（　　　）及接地装置等。

A. 导线　　B. 杆塔　　C. 拉线

D. 抱箍　　E. 防雷设施

164. 金具在架空线路中主要用于（　　　　）等。

A. 接续　　B. 固定　　C. 绝缘　　D. 保护

165. 杆塔使用拉线可以（　　　　）。

A. 支撑杆塔　　B. 减少杆塔的压力

C. 减少杆塔的材料消耗量　　D. 降低杆塔的造价

166. 杆塔按在线路上作用分为（　　　　）。

A. 直线杆塔　B. 转角杆塔　C. 耐张杆塔　D. 预应力型杆塔

167. 直线杆塔一般仅承受（　　　　）。

A. 导线顺线路方向的张力　　B. 导线、绝缘子的重量

C. 导线覆冰的重量　　D. 导线的风力

168. 杆塔基础一般分为（　　　　）。

A. 底盘　　B. 拉盘　　C. 电杆基础　　D. 铁塔基础

169. 电杆卡盘的作用（　　　　）。

A. 承受电杆的下压力　　B. 以防电杆上拔

C. 电杆承受电杆的横向力　　D. 以防电杆倾覆

170. 架空导线的种类有（　　　　）。

A. 裸导线　　B. 避雷线　　C. 绝缘导线　　D. 接地线

171. 下列的（　　　　）是架空配电线路常用的绝缘子。

A. 针式绝缘子　　B. 柱式绝缘子

C. 瓷横担绝缘子　　D. 棒式绝缘子

E. 悬式绝缘子　　F. 蝶式绝缘子

172. 针式绝缘子主要用于（　　　　）。

A. 普通型杆塔　　B. 跨越型杆塔

C. 直线杆塔　　D. 角度较小的转角杆

173. 悬式绝缘子按制造材料分为（　　　　）。

A. 普通型　　B. 钢化玻璃悬式

C. 瓷悬式　　D. 防污型

174. 合成绝缘子（复合绝缘子）具有（　　　　）等优点。

A. 体积小　　B. 重量轻　　C. 机械强度高

D. 外形美观　E. 抗污闪性能强

175. 杆塔拉线按其作用可分为（　　　　）。

A. 张力拉线　B. 普通拉线　C. 水平拉线　　D. 风力拉线

176. 横担定位在电杆上部，用来（　　　　）。

A. 支持绝缘子　　　　B. 支持导线

C. 使导线间满足规定的距离　　D. 支持水泥横担

177. 非承力接续金具主要用于（　　　　）。

A. 导线作为跳线时的接续　　B. 导线 T 接线时的接续

C. 导线带电拆、搭头　　D. 分支搭接的接续

178. 金具在架空线路中主要用于（　　　　）。

A. 连接　　B. 绝缘　　C. 调节　　D. 保护

179. 拉线金具的作用是（　　　　）。

A. 加强杆塔强度　　B. 拉线的连接

C. 拉线的紧固　　D. 拉线的调节

180. 耐张线夹有（　　　　）种类型。

A. 螺栓型耐张线夹　　B. 压接型耐张线夹

C. 楔形耐张线夹　　D. 接续线夹

181. 通用连接金具有（　　　　）。

A. U 形挂环　　B. U 形挂板　　C. 直角挂板　　D. 平行挂板

182. 专用连接金具有（　　　　）。

A. 球头挂环　　B. 碗头挂板　　C. U 形挂板

D. 直角挂板　　E. 直角挂环

183. 顶帽常常用于 10kV 线路单回路线路直线杆顶，顶帽上一般安装（　　　　）。

A. 针式绝缘子　　B. 悬式绝缘子

C. 柱式绝缘子　　D. 防雷复合绝缘子

184. 紧固金具主要是指耐张线夹，用在（　　　　）杆塔的绝缘子串上固定导线和避雷器 。

A. 耐张、　　B. 转角、　　C. 终端杆塔

185. 拉线由拉线抱箍、（　　　　）拉线棒、拉盘 U 形螺栓、拉盘组成。

A. 拉线挂环、B. 楔形线夹、　C. 钢绞线、

D.UT 线夹、　E. 直角挂环

186. 配网中几种常用的拉线类型有：普通拉线、人字拉线、（　　　　）。

A. 四方拉线　　B. 水平拉线　　C.V 形拉线　　D. 弓形拉线

187. 按顺序指出下图中编号部件的名称：（　　）。

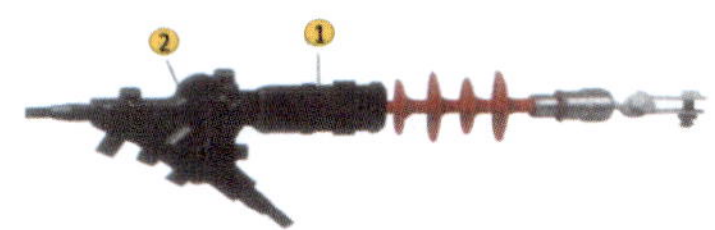

A. 并沟线夹　绝缘罩　　　　B. 碗头挂板　绝缘罩
C. 楔形耐张线夹　绝缘罩

8.3　配电网架空线路设备

1. 判断题

188. 配电变压器一般分三相变压器与单相变压器。（　　）
189. 安装“配变”的场所与地方，既是变电所，也有柱上安装或露天落地安装。（　　）
190. 配电变压器，简称“配变”，指配电系统中根据电磁感应定律变换交流电压和电流而传输交流电能的一种静止电器。（　　）
191. 三相配电变压器高压进线接线柱有四个。（　　）
192. 三相配电变压器低压出线接线柱有三个。（　　）
193. 10kV 柱上变压器台成套设备以变压器为核心设备，广泛使用在城乡 10kV/0.4kV 配电网络中。（　　）
194. 10kV 线路调压器也是一种变压器，外形与柱上配电变压器相似，它的进线和出线都是 10kV 电压等级的三相线路。（　　）
195. 在线路首段安装调压器可以使整个线路的电压质量得到保证。（　　）
196. 配电线路避雷器有多种品种和型号。从安装方式不同主要有固定式金属氧化锌避雷器、可拆卸式（跌落式）氧化锌避雷器。（　　）
197. 隔离开关可作为电缆线路与架空线路的分界开关，还可安装在线路联络开关一侧或两侧。（　　）
198. 真空负荷开关采用真空灭弧，SF_6 绝缘，是三相共箱式。（　　）
199. 断路器与负荷开关的主要区别在于断路器可用来开断短路电流。（　　）
200. 负荷开关可开断短路电流。（　　）
201. 跌落式氧化锌避雷器带脱离器。（　　）
202. 跌落式熔断器俗称领克。跌落式熔断器是 10kV 配电线路分支线和配

电变压器最常用的一种短路保护开关。 （ ）

203. 跌落式熔断器被广泛应用于 10kV 配电线路分支和配电变压器一次侧作为保护和进行设备投、切操作之用。 （ ）

204. 电压互感和变压器类似，是用来变换线路上的电压的仪器。 （ ）

205. 线路故障指示器应安装在设置分段开关的杆塔、分支杆的负荷侧、架空与电缆连接处，以及长线路段每隔 7 ~ 8 基杆且便于人员到达检查处。 （ ）

206. 接地环与导线连接点应装设绝缘防护罩。 （ ）

207. 在电力系统中，过电压保护器和避雷器是两种常用的设备，它们的作用和功能相同。 （ ）

208. 10kV 架空线路一般使用风车式驱鸟器。 （ ）

209. 10kV 户外电缆终端用途之一是衔接下地电缆线路与架空线路。（ ）

2. 单选题

210. 下图是（ ）真空开关。

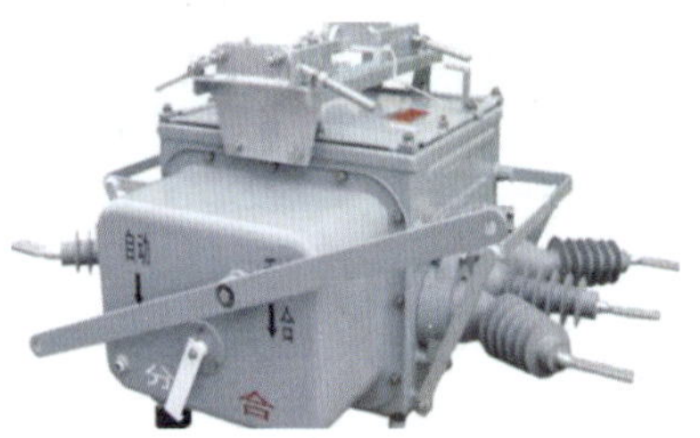

A. 三相共箱式　　　　B. 极柱式

211. 下图是（ ）。

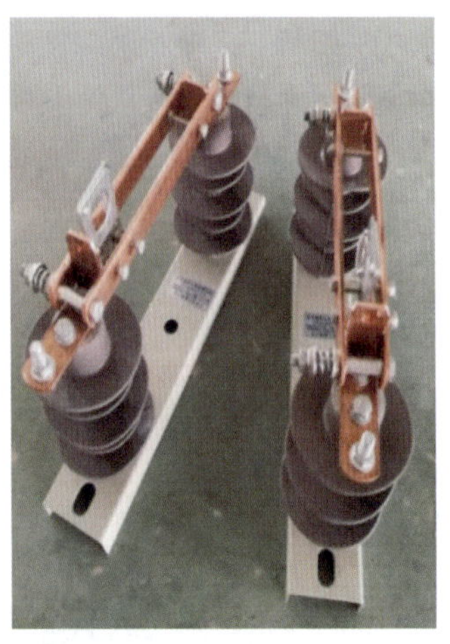

A. 负荷开关　B. 隔离开关　　C. 真空开关

212. 下图是（　　）。

A. 变压器　　B. 负荷开关　C. 极柱式真空柱上断路器

213. 配电线路避雷器有多种品种和型号。从安装方式不同主要有（　　）、跌落式氧化锌避雷器。

A. 固定式　　B. 可拆卸式

214. 绝缘线路应根据停电工作接地点的需要，在线路分支线接（　　）或装设支路隔离开关后的第一根杆需装设一组验电接地挂环。

A. 第一根杆　　B. 5 根杆

C. 第二根杆　　D.10 根杆

215. 在电力系统中，避雷器和（　　）是两种常用的设备，它们的作用和功能有所不相同，主要区别是一个是防止大气过电压（避雷），另一个是防止操作过电压（误操作）。

A. 过电压保护器　　B. 避雷器　　C. 熔断器

216. 下图是（　　）。

A. 避雷器　　B. 熔断器　　C. 过电压保护器

217. 下图是（　　）。

A. 接线端子护套　　B. 耐张线夹护套

C. 接续线夹护套

218. 下图是（　　）。

A. 变压器　　B. 互感器　　C. 调压器

219. 下图是（　　）。

A. 变压器　　B. 高压计量器　　C. 调压器　　D. 无功补偿装置

220. 下图是（　　）。

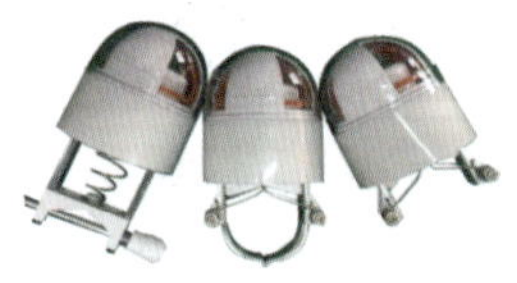

A. 接地验电环　　B. 柱式绝缘子

C. 线路故障指示器

221. 下图是（　　）。

A. 针式绝缘子　　B. 风车驱鸟器

C. 故障指示器

222. 下图是（　　）。

A. 电流互感器　　　　　　B.10kV 户外电压互感器

C. 单相变压器

223. 下图中箭头所示设备是（　　）。

A. 跌落式避雷器　　　　　B. 固定式带脱离器避雷器

C. 柱式绝缘子

224. 下图中箭头所示设备是（　　）。

A. 接续线夹　B. 耐张线夹　　C. 接地验电环

225. 下图中箭头所示设备是（　　）。

A. 跌落式避雷器　　　　　B. 户外电缆终端

C. 接地验电环

226. 按顺序指出下图变电台区台架中编号部件的名称：(　　)。

A. ①跌落式避雷器　②变压器　③跌落式熔断器

B. ①跌落式熔断器　②跌落式避雷器　③变压器

C. ①变压器　②跌落式避雷器　③跌落式熔断器

D. ①变压器　②跌落式熔断器　③跌落式避雷器

227. 按顺序指出下图电杆上编号部件的名称：(　　)。

A. ①固定式避雷器　②隔离开关　③电压互感器　④柱上真空断路器

B. ①固定式避雷器　②柱上真空断路器　③电压互感器　④隔离开关

C. ①柱上真空断路器　②电压互感器　③固定式避雷器　④隔离开关

D. ①固定式避雷器　②电压互感器　③隔离开关　④柱上真空断路器

228. 按顺序指出下图电杆上编号部件的名称：（　　）。

A. ①电压互感器　②柱上真空断路器　③隔离开关　④跌落式避雷器
B. ①电压互感器　②柱上真空断路器　③跌落式避雷器　④隔离开关
C. ①跌落式避雷器　②电压互感器　③隔离开关　④柱上真空断路器
D. ①电压互感器　②跌落式避雷器　③柱上真空断路器　④隔离开关

229. 按顺序指出下图电杆上编号部件的名称：（　　）。

A. ①隔离开关（刀闸）②瓷横担绝缘子　③悬式绝缘子　④耐张线夹
B. ①悬式绝缘子　②隔离开关（刀闸）③耐张线夹　④瓷横担绝缘子
C. ①隔离开关（刀闸）②悬式绝缘子　③瓷横担绝缘子　④耐张线夹
D. ①隔离开关（刀闸）②瓷横担绝缘子　③耐张线夹　④悬式绝缘子

230. 按顺序指出下图电杆上编号部件的名称：（　　）。

A. ①避雷器　②三相共箱式负荷开关　③柱式绝缘子
B. ①避雷器　②绝缘护套　③三相共箱式负荷开关
C. ①避雷器　②三相共箱式负荷开关　③绝缘护套
D. ①避雷器　②柱式绝缘子　③三相共箱式负荷开关

231. 按顺序指出下图电杆上编号部件的名称：（　　）。

A. ①故障指示器　②悬式绝缘子　③耐张线夹
B. ①故障指示器　②耐张线夹　③悬式绝缘子
C. ①故障指示器　②耐张线夹　③柱式绝缘子
D. ①故障指示器　②悬式绝缘子　③柱式绝缘子

232. 按顺序指出下图电杆上编号部件的名称：（　　）。

A. ①跌落式熔断器　②跌落式避雷器　③验电接地环

B. ①跌落式熔断器　②验电接地环　③电压互感器

C. ①跌落式熔断器　②验电接地环　③跌落式避雷器

D. ①跌落式熔断器　②电压互感器　③验电接地环

233. 按顺序指出下图电杆上编号部件的名称：(　　)。

A. ①验电接地环　②跌落式熔断器　③固定式避雷器　④并沟线夹　⑤柱式绝缘子　⑥验电接地环

B. ①固定式避雷器　②跌落式熔断器　③柱式绝缘子　④验电接地环　⑤柱式绝缘子　⑥并沟线夹

C. ①固定式避雷器　②跌落式熔断器　③柱式绝缘子　④并沟线夹　⑤柱式绝缘子　⑥并沟线夹

D. ①固定式避雷器　②跌落式熔断器　③验电接地环　④跌落式熔断器　⑤并沟线夹　⑥验电接地环

234. 按顺序指出下图电杆上编号部件的名称：(　　)。

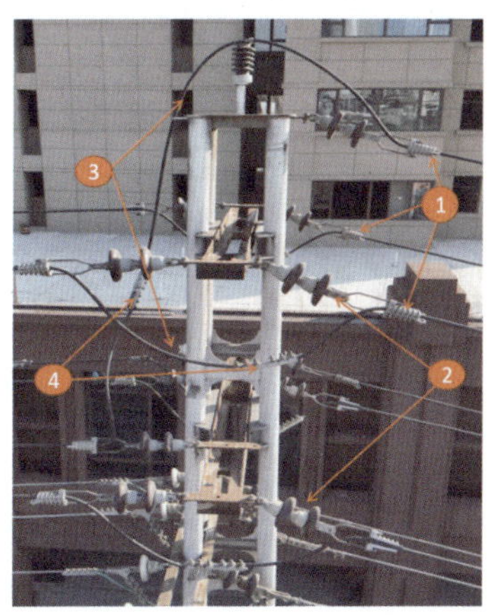

A. ①楔形耐张线夹　②瓷悬式绝缘子　③并沟线夹　④跳线

B. ①楔形耐张线夹　②并沟线夹　③瓷悬式绝缘子　④跳线

C. ①楔形耐张线夹　②并沟线夹　③跳线　④瓷悬式绝缘子

D. ①楔形耐张线夹　②瓷悬式绝缘子　③跳线　④并沟线夹

235. 按顺序指出下图电杆上编号部件的名称：(　　)。

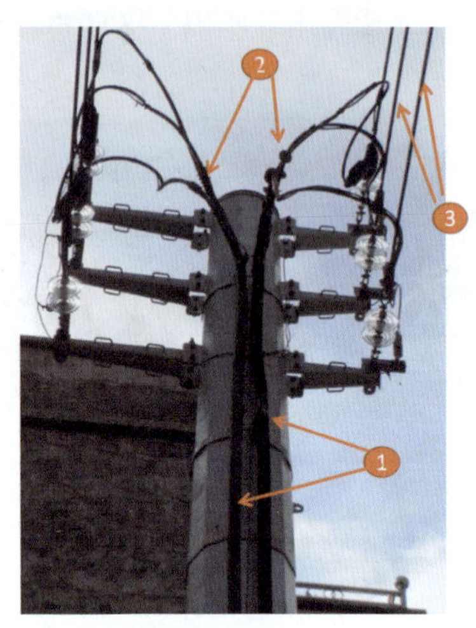

A. ①电缆线路　②户外电缆终端　③架空线路

B. ①电缆线路　②跳线　③架空线路

C. ①电缆线路　②架空线路　③跳线

D. ①电缆线路　②架空线路　③户外电缆终端

236. 按顺序指出下图变电台区台架中编号部件的名称：(　　)。

A. ①变压器　②跌落式避雷器　③跌落式熔断器

B. ①跌落式避雷器　②变压器　③跌落式熔断器

C. ①跌落式熔断器　②跌落式避雷器　③变压器

D. ①变压器　②跌落式熔断器　③跌落式避雷器

237. 按顺序指出下图电杆上编号部件的名称：(　　)。

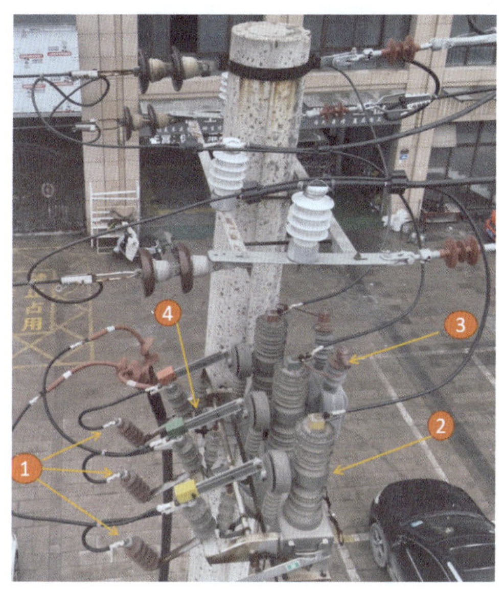

A. ①柱上真空断路器　②电压互感器　③隔离开关　④固定式避雷器

B. ①柱上真空断路器　②电压互感器　③隔离开关　④固定式避雷器

C. ①隔离开关　②柱上真空断路器　③电压互感器　④固定式避雷器

D. ①隔离开关　②柱上真空断路器　③固定式避雷器　④电压互感器

238. 按顺序指出下图电杆上编号部件的名称：(　　)。

A. ①电压互感器　②柱上真空断路器　③跌落式避雷器　④隔离开关

B. ①电压互感器　②柱上真空断路器　③隔离开关　④跌落式避雷器

C. ①电压互感器　②隔离开关　③柱上真空断路器　④跌落式避雷器

D. ①电压互感器　②跌落式避雷器　③隔离开关　④柱上真空断路器

239. 按顺序指出下图电杆上编号部件的名称：(　　)。

A. ①隔离开关（刀闸） ②瓷横担绝缘子 ③耐张线夹 ④悬式绝缘子

B. ①瓷横担绝缘子 ②隔离开关（刀闸） ③耐张线夹 ④悬式绝缘子

C. ①瓷横担绝缘子 ②耐张线夹 ③隔离开关（刀闸） ④悬式绝缘子

D. ①瓷横担绝缘子 ②悬式绝缘子 ③隔离开关（刀闸） ④耐张线夹

240. 按顺序指出下图电杆上编号部件的名称：(　　)。

A. ①避雷器 ②三相共箱式负荷开关 ③绝缘护套

B. ①避雷器 ②绝缘护套 ③三相共箱式负荷开关

C. ①柱式绝缘子 ②绝缘护套 ③三相共箱式负荷开关

D. ①柱式绝缘子 ②三相共箱式负荷开关 ③绝缘护套

241. 按顺序指出下图电杆上编号部件的名称：(　　)。

A. ①故障指示器　②耐张线夹　③悬式绝缘子
B. ①故障指示器　②柱式绝缘子　③耐张线夹
C. ①故障指示器　②柱式绝缘子　③悬式绝缘子
D. ①柱式绝缘子　②故障指示器　③悬式绝缘子

242. 按顺序指出下图电杆上编号部件的名称：(　　)。

A. ①跌落式避雷器　②验电接地环　③跌落式熔断器
B. ①跌落式避雷器　②电压互感器　③跌落式避雷器
C. ①跌落式熔断器　②验电接地环　③跌落式避雷器
D. ①跌落式熔断器　②电压互感器　③跌落式避雷器

243. 按顺序指出下图电杆上编号部件的名称：(　　)。

A. ①固定式避雷器　②并沟线夹　③跌落式熔断器　④并沟线夹　⑤柱式绝缘子　⑥验电接地环
B. ①固定式避雷器　②并沟线夹　③跌落式熔断器　④柱式绝缘子　⑤验电接地环　⑥并沟线夹
C. ①固定式避雷器　②跌落式熔断器　③柱式绝缘子　④验电接地环　⑤柱式绝缘子　⑥并沟线夹
D. ①固定式避雷器　②跌落式熔断器　③验电接地环　④并沟线夹　⑤柱式绝缘子　⑥验电接地环

244. 按顺序指出下图电杆上编号部件的名称：(　　)。

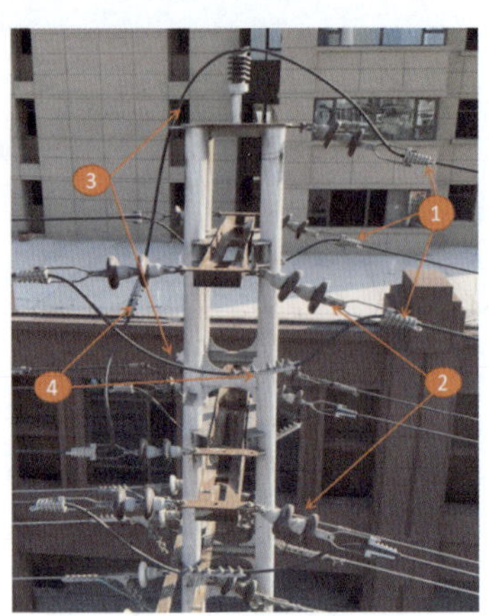

A. ①楔形耐张线夹　②瓷悬式绝缘子　③跳线　④并沟线夹
B. ①瓷悬式绝缘子　②跳线　③楔形耐张线夹　④并沟线夹
C. ①瓷悬式绝缘子　②跳线　③并沟线夹　④楔形耐张线夹
D. ①跳线　②瓷悬式绝缘子　③并沟线夹　④楔形耐张线夹

245. 按顺序指出下图电杆上编号部件的名称：(　　)。

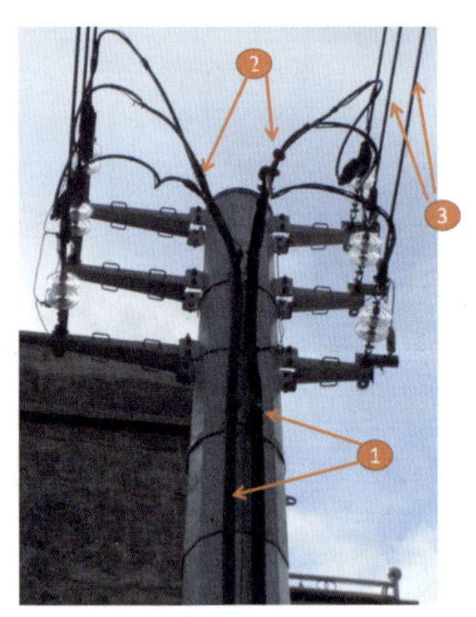

A. ①电缆线路　②户外电缆终端　③架空线路
B. ①电缆线路　②户外电缆终端　③跳线
C. ①电缆线路　②架空线路　③户外电缆终端
D. ①架空线路　②户外电缆终端　③跳线

3. 多选题

246. 10kV 柱上变压器台成套设备是一种以变压器为核心设备，将低压综合配电箱（JP 柜）、(　　　　)等附件集成在同一套组合设备的新型电

气成套设备，具有结构紧凑、布局合理、方便施工的特点，广泛使用在城乡 10kV/0.4kV 配电网络中。

A. 跌落式熔断器　B. 避雷器　C. 铁附件

D. 金具　E. 高低压电线电缆

247. 配电线路避雷器有多种品种和型号，安装位置主要有（　　）等。

A. 线路杆塔　B. 柱上断路器杆塔

C. 变压器台架　D. 电缆头终端杆

248. 隔离开关安装部位：变压器台变架、（　　）、架空线路与电缆线路分界点、用户负荷开关分解点。

A. 线路耐张杆上　B. 联络开关两侧

C. 直线杆

249. 柱上断路器主要用于配电线路区间（　　），能开断、关合短路电流。

A. 控制　B. 保护　C. 分段投切

250. 10kV 线路上的电压互感器是做测量仪表，为继电保护装置供电，用来测量线路的（　　），为配电自动化设备采集数据、为馈线自动化装置 FTU 提供电源。

A. 电压、　B. 功率　C. 电能

251. 绝缘护套是（　　）户外开关（断路器、负荷开关、隔离开关、跌落式熔断器）等电力设备等部件接线端头配用的绝缘安全防护用品。

A. 变压器　B. 避雷器　C. 耐张线夹　D. 接续线夹

8.4 配电网架空线路设备缺陷

1. 判断题

252. 水泥电杆本体缺陷有杆塔倾斜，纵向、横向裂纹等。（　　）

253. 水泥电杆表面风化、露筋，随时可能发生倒杆塔危险是一般缺陷。（　　）

254. 角钢塔承力部件缺失是危急缺陷。（　　）

255. 杆塔本体有异物是一般缺陷。（　　）

256. 水泥杆杆身横向裂纹长度超过周长 1/3 是危急缺陷。（　　）

257. 水泥杆杆身横向裂纹长度为周长的 1/6 ~ 1/3 是一般缺陷。（　　）

258. 绝缘导线线芯在同一截面内损伤面积超过线芯导电部分截面的 17% 是危急缺陷。（　　）

259. 裸导线 19 股导线中 1 ~ 2 股损伤深度超过该股导线的 1/2 是严重缺陷。（　）
260. 裸导线有散股、灯笼现象是导线一种缺陷。（　）
261. 绝缘层破损是绝缘导线的一种缺陷。（　）
262. 导线上挂有大异物将会引起相间短路等故障是危急缺陷。（　）
263. 导线脱落、导线未绑扎是危急缺陷。（　）
264. 绝缘护套脱落、损坏、开裂是危急缺陷。（　）
265. 绝缘子表面有严重放电痕迹是危急缺陷。（　）
266. 绝缘子污秽较为严重，但表面无明显放电是严重缺陷。（　）
267. 绝缘子有裂缝，釉面剥落面积＞ 100mm^2 是一般缺陷。（　）
268. 合成绝缘子伞裙有裂纹是危急缺陷。（　）
269. 固定不牢固，严重倾斜是危急缺陷。（　）
270. 线夹有锈蚀、线夹绝缘罩脱落是一般缺陷。（　）
271. 金具的保险销子脱落、连接金具球头锈蚀严重、弹簧销脱出或生锈失效、挂环断裂；金具串钉移位、脱出、挂环断裂、变形是严重缺陷。（　）
272. 横担弯曲、倾斜、严重变形是危急缺陷。（　）
273. 横担主件（如抱箍、连铁、撑铁等）脱落是危急缺陷。（　）
274. 横担有较大松动是一般缺陷。（　）
275. 拉线中度松弛是一般缺陷。（　）
276. 拉线断股＞ 17% 截面是一般缺陷。（　）
277. 拉线严重锈蚀是严重缺陷。（　）
278. 线路通道保护区内树木距导线距离，在最大风偏情况下水平离：架空裸导线≤ 2m，绝缘线≤ 1m 是危急缺陷。（　）
279. 线路通道保护区内树木距导线距离，在最大弧垂情况下垂直距离：架空裸导线≤ 1.5m，绝缘线≤ 0.8m 是一般缺陷。（　）
280. 接地体严重锈蚀（大于截面直径或厚度 30%）是一般缺陷。（　）
281. 接地体出现断开、断裂是危急缺陷。（　）
282. 防雷金具出现位移、变形损伤、松动属于一般缺陷。（　）
283. 柱上断路器套管略有破损属于严重缺陷。（　）
284. 柱上断路器套管有明显放电属于严重缺陷。（　）
285. 柱上断路器本体污秽较为严重是一般缺陷。（　）
286. 柱上断路器引线损伤是危急缺陷。（　）

287. 柱上断路器导线接头及引线绝缘罩丢失、损坏、缺失是危急缺陷。（　　）
288. 柱断隔离开关外壳有裂纹（撕裂）或破损是危急缺陷。（　　）
289. 柱断隔离开关表面有严重放电痕迹属于一般缺陷。（　　）
290. 柱断隔离开关导线接头及引线绝缘罩丢失、损坏、缺失始于严重缺陷。（　　）
291. 互感器外壳和套管有严重破损属于危急缺陷。（　　）
292. 互感器外壳和套管有裂纹（撕裂）或破损属于一般缺陷。（　　）
293. 互感器导电接头及引线绝缘防护罩缺失、损坏属于一般缺陷。（　　）
294. 柱上 SF_6 开关（三相共箱式）套管破损外壳有裂纹（撕裂）或破损属于一般缺陷。（　　）
295. 柱上 SF_6 开关（三相共箱式）导电接头及引线绝缘防护罩缺失、损坏属于严重缺陷。（　　）
296. 柱上 SF_6 开关（三相共箱式）导电接头引线损伤属于危急缺陷。（　　）
297. 柱上隔离开关严重破损属于危急缺陷。（　　）
298. 柱上隔离开关略有破损属于严重缺陷。（　　）
299. 柱上隔离开关有明显放电属于严重缺陷。（　　）
300. 柱上隔离开关导电接头及引线绝缘防护罩缺失、损坏属于严重缺陷。（　　）
301. 柱上隔离开关导电接头引线损伤属于危急缺陷。（　　）
302. 跌落式熔断器本体略有破损属于危急缺陷。（　　）
303. 跌落式熔断器本体外壳有裂纹（撕裂）或破损属于危急缺陷。（　　）
304. 跌落式熔断器绝缘罩缺失、丢失、损坏属于一般缺陷。（　　）
305. 金属氧化物避雷器严重破损属于危急缺陷。（　　）
306. 金属氧化物避雷器表面有严重放电痕迹属于危急缺陷。（　　）
307. 金属氧化物避雷器污秽较为严重，但表面无明显放电属于严重缺陷。（　　）
308. 固定式避雷器引线断裂（单相无防雷）属于严重缺陷。（　　）
309. 可卸式避雷器（带脱离器）脱扣属于一般缺陷。（　　）
310. 固定式避雷器（带脱离器）脱扣属于严重缺陷。（　　）
311. 变压器高低压套管破损属于危急缺陷。（　　）
312. 变压器高低压套管有严重放电（户外变）属于危急缺陷。（　　）
313. 变压器高低压套管污秽较严重（户外变）属于一般缺陷。（　　）

314. 变压器导线接头与外部连接松动，螺栓明显脱出，引线随时可能脱出属于一般缺陷。（　　）
315. 变压器导线接头与外部连接线断股截面损失达 7% 以上，但小于 25% 属于一般缺陷。（　　）
316. 变压器导线接头与外部连接绝缘罩缺失、丢失、损坏属于严重缺陷。（　　）
317. 变压器本体及油箱严重渗油属于危急缺陷。（　　）
318. 变压器本体及油箱明显锈斑属于一般缺陷。（　　）
319. 变压器接地引下线出现断开、断裂属于危急缺陷。（　　）
320. 10kV 户外电缆终端外壳有裂纹（撕裂）或破损属于严重缺陷。（　　）
321. 10kV 户外电缆终端外壳有严重破损属于危急缺陷。（　　）
322. 10kV 户外电缆终端头污秽并有明显放电属于一般缺陷。（　　）
323. 10kV 户外电缆终端头污秽较为严重，但表面无明显放电属于严重缺陷。（　　）

2. 单选题

324. 杆塔倾斜，水泥杆本体倾斜度≥ 3% 是（　　）缺陷。
    A. 危急　　B. 一般　　C. 严重
325. 水泥杆横向裂纹长度超过周长 1/3 属于（　　）缺陷。
    A. 严重　　B. 一般　　C. 危急
326. 角钢塔承力部件缺失属于（　　）缺陷。
    A. 严重　　B. 一般　　C. 危急
327. 杆塔本体有鸟巢属于（　　）缺陷。
    A. 严重　　B. 一般　　C. 危急
328. 杆塔本体有异物属于（　　）缺陷。
    A. 严重　　B. 一般　　C. 危急
329. 裸导线 19 股导线中 1 ~ 2 股损伤深度超过该股导线的 1/2 属于（　　）缺陷。
    A. 严重　　B. 一般　　C. 危急
330. 导线上挂有大异物将会引起相间短路等故障属于（　　）缺陷。
    A. 严重　　B. 一般　　C. 危急
331. 复合绝缘子卡扣损坏（等同于导线未有绑扎）属于（　　）缺陷。
    A. 严重　　B. 一般　　C. 危急
332. 导线脱落、导线未绑扎属于（　　）缺陷。
    A. 严重　　B. 危急　　C. 一般

333. 复合绝缘子表面污秽较为严重，但表面无明显放电属于（　　）缺陷。

A. 严重　　B. 危急　　C. 一般

334. 合成绝缘子伞裙有裂纹属于（　　）缺陷。

A. 严重　　B. 危急　　C. 一般

335. 瓷绝缘子有裂缝，釉面剥落面积＞100mm^2 属于（　　）缺陷。

A. 严重　　B. 危急　　C. 一般

336. 绝缘子固定不牢固，严重倾斜属于（　　）缺陷。

A. 严重　　B. 危急　　C. 一般

337. 接续线夹有较大松动属于（　　）缺陷

A. 严重　　B. 危急　　C. 一般

338. 线夹绝缘罩脱落属于（　　）缺陷。

A. 严重　　B. 危急　　C. 一般

339. 线夹严重锈蚀（起皮和严重麻点，锈蚀面积超过 1/2）属于（　　）缺陷。

A. 严重　　B. 危急　　C. 一般

340. 金具的螺母丢失属于（　　）缺陷。

A. 严重　　B. 危急　　C. 一般

341. 金具的保险销子脱落属于（　　）缺陷。

A. 一般　　B. 危急　　C. 严重

342. 金具的螺母、螺栓松动属于（　　）缺陷。

A. 一般　　B. 危急　　C. 严重

343. 金具串钉移位、脱出属于（　　）缺陷。

A. 一般　　B. 严重　　C. 危急

344. 横担弯曲、倾斜，严重变形属于（　　）缺陷。

A. 一般　　B. 严重　　C. 危急

345. 横担严重锈蚀（起皮和严重麻点，锈蚀面积超过 1/2）属于（　　）缺陷。

A. 一般　　B. 严重　　C. 危急

346. 拉线钢绞线锈蚀严重锈蚀属于（　　）缺陷。

A. 一般　　B. 严重　　C. 危急

347. 拉线明显松弛、电杆发生倾斜属于（　　）缺陷。

A. 一般　　B. 严重　　C. 危急

348. 线路通道保护区内树木距导线距离，在最大风偏情况下水平距离：架空裸导线≤（　　），绝缘线≤ 1m 是危急缺陷。

A.2m　　B.3m　　C.4m

349. 在最大弧垂情况下垂直距离：架空裸导线≤ 1.5m，绝缘线≤（　　），是危急缺陷。

A.1m　　B.0.5m　　C.0.8m

350. 柱上真空开关套管严重破损是（　　）缺陷。

A. 一般　　B. 严重　　C. 危急

351. 柱上真空开关套管有明显放电属于（　　）缺陷

A. 一般　　B. 严重　　C. 危急

352. 柱上真空开关导电接头及引线损伤属于（　　）缺陷。

A. 危急　　B. 一般　　C. 严重

353. 柱上真空开关导线接头及引线绝缘罩丢失、损坏、缺失属于（　　）缺陷。

A. 危急　　B. 一般　　C. 严重

354. 隔离开关严重破损属于（　　）缺陷。

A. 一般　　B. 严重　　C. 危急

355. 导线接头及引线绝缘罩丢失、损坏、缺失属于（　　）缺陷。

A. 一般　　B. 严重　　C. 危急

356. 互感器外壳和套管有严重破损属于（　　）缺陷。

A. 危急　　B. 一般　　C. 严重

357. 互感器引线损伤属于（　　）缺陷。

A. 一般　　B. 严重　　C. 危急

358. 互感器导电接头及引线绝缘防护罩缺失、损坏属于（　　）缺陷。

A. 一般　　B. 严重　　C. 危急

359. 柱上 SF_6 开关（三相共箱式）套管严重破损属于（　　）缺陷。

A. 一般　　B. 严重　　C. 危急

360. 柱上 SF_6 开关（三相共箱式）引线损伤属于（　　）缺陷。

A. 危急　　B. 一般　　C. 严重

361. 柱上 SF_6 开关（三相共箱式）导电接头及引线绝缘防护罩缺失、损坏属于（　　）缺陷。

A. 一般　　B. 严重　　C. 危急

362. 柱上隔离开关外壳有裂纹（撕裂）或破损属于（　　）缺陷。

A. 危急　　B. 一般　　C. 严重

363. 柱上隔离开关表面有严重放电痕迹属于（　　）缺陷。

A. 危急　　B. 一般　　C. 严重

364. 柱上隔离开关导电接头及引线绝缘防护罩缺失、损坏属于（　　）缺陷。

A. 危急　　B. 一般　　C. 严重

365. 跌落式熔断器本体外壳有裂纹（撕裂）或破损属于（　　）缺陷。

A. 危急　　B. 一般　　C. 严重

366. 跌落式熔断器绝缘罩缺失、丢失、损坏属于（　　）缺陷。

A. 一般　　B. 严重　　C. 危急

367. 跌落式熔断器表面有严重放电痕迹属于（　　）缺陷。

A. 一般　　B. 严重　　C. 危急

368. 金属氧化物避雷器严重破损属于（　　）缺陷。

A. 危急　　B. 一般　　C. 严重

369. 金属氧化物避雷器表面有严重放电痕迹属于（　　）缺陷。

A. 危急　　B. 一般　　C. 严重

370. 金属氧化物避雷器本体或引线脱落（断裂）、脱扣属于（　　）缺陷。

A. 一般　　B. 严重　　C. 危急

371. 可卸式避雷器（带脱离器）脱扣属于（　　）缺陷。

A. 一般　　B. 严重　　C. 危急

372. 固定式避雷器（带脱离器）脱扣属于（　　）缺陷。

A. 严重　　B. 一般　　C. 危急

373. 变压器套管严重破损属于（　　）缺陷。

A. 严重　　B. 一般　　C. 危急

374. 变压器高低压套管及接线有严重放电（户外变）属于（　　）缺陷。

A. 严重　　B. 一般　　C. 危急

375. 变压器线夹破损断裂严重，有脱落的可能，对引线无法形成紧固作用属于（　　）缺陷。

A. 一般　　B. 严重　　C. 危急

376. 变压器绝缘罩缺失、丢失、损坏属于（　　）缺陷

A. 严重　　B. 一般　　C. 危急

377. 变压器本体油箱漏油（滴油）属于（　　）缺陷。

A 严重　　B. 一般　　C. 危急

378. 10kV 户外电缆终端严重破损属于（　　）缺陷。

A. 一般　　B. 严重　　C. 危急

379. 10kV 户外电缆终端外壳有裂纹（撕裂）或破损属于（　　）缺陷。

A. 一般　　B. 严重　　C. 危急

380. 10kV户外电缆终端表面有严重放电痕迹属于（　　）缺陷。

A. 严重　　B. 一般　　C. 危急

381. 10kV户外电缆终端表面污秽较为严重，但表面无明显放电属于（　　）缺陷。

A. 严重　　B. 一般　　C. 危急

382. 10kV户外电缆终端表面有严重放电痕迹属于（　　）缺陷。

A. 严重　　B. 一般　　C. 危急

383. 10kV户外电缆终端表面污秽较为严重，但表面无明显放电属于（　　）缺陷。

A. 严重　　B. 一般　　C. 危急

3. 多选题

384. 下图标出的是（　　）缺陷，缺陷等级是（　　）。

A. 绝缘子污秽　　B. 跌落式熔断器缺少绝缘罩

C. 严重　　D. 一般

385. 下图标出的是（　　）缺陷，缺陷等级是（　　）。

A. 绝缘子污秽　　B. 复合绝缘子卡扣丢失

C. 严重　　D. 危急　　E. 一般

386. 下图标出的是（　　　　）缺陷，缺陷等级是（　　　　）。

A. 绝缘子固定不牢固，中度倾斜　　B. 绝缘子卡扣丢失
C. 严重　　D. 危急　　E. 一般

387. 下图标出的是（　　　　）缺陷，缺陷等级是（　　　　）。

A. 金具锈蚀　　B. 螺帽丢失　　C. 严重
D. 危急　　E. 一般

388. 下图标出的是（　　　　）缺陷，缺陷等级是（　　　　）。

A. 金具锈蚀　　B. 螺帽松动　　C. 严重
D. 危急　　E. 一般

389. 下图标出的是（　　　　）缺陷，缺陷等级是（　　　　）。

A. 绝缘子有明显放电　　B. 绝缘子破损　　C. 严重
D. 危急　　E. 一般

390. 下图标出的是（　　　　）缺陷，缺陷等级是（　　　　）。

A. 直角挂板损坏　　B. 保险销子丢失
C. 严重　　D. 危急　　E. 一般

391. 下图标出的是（　　　　）缺陷，缺陷等级是（　　　　）。

A. 绝缘子破损　　B. 顶帽螺栓丢失
C. 严重　　D. 危急　　E. 一般

392. 下图标出的是（　　　　）缺陷，缺陷等级是（　　　　）。

A. 绝缘子破损　　B. 严重
C. 复合绝缘子卡扣损坏　　D. 一般　　E. 危急

393. 下图标出的是（　　　　）缺陷，缺陷等级是（　　　　）。

A. 横担锈蚀　　B. 严重　　C. 危急
D. 一般　　E. 横担松动

394. 下图标出的是（　　　　）缺陷，缺陷等级是（　　　　）。

A. 跌落式熔断器绝缘罩缺失　　B. 跌落式避雷器绝缘罩缺失
C. 危急　　D. 一般　　E. 严重

395. 下图标出的是（ ）缺陷，缺陷等级是（ ）。

A. 导线破损　　B. 导线绝缘护套破损
C. 危急　　D. 一般　　E. 严重

396. 下图标出的是（ ）缺陷，缺陷等级是（ ）。

A. 可卸式避雷器跌落　　B. 严重　　C. 危急
D. 一般　　E. 跌落式熔断器跌落

397. 下图标出的是（ ）缺陷，缺陷等级是（ ）。

A. 线夹丢失　　　　B. 绝缘导线绝缘层破损

C. 危急　　　　D. 一般　　　　E. 严重

398. 下图标出的是（　　　　）缺陷，缺陷等级是（　　　　）。

A. 线夹丢失　　　　B. 耐张线夹绝缘罩缺失

C. 严重　　　　D. 一般　　　　E. 绝缘导线破损

399. 下图标出的是（　　　　）缺陷，缺陷等级是（　　　　）。

A. 绝缘子破损　　　　B. 异物　　　　C. 导线损伤

D. 一般　　　　E. 严重

400. 下图标出的是（　　　　）缺陷，缺陷等级是（　　　　）。

A. 绝缘子破损　　　　B. 一般　　　　C. 异物

D. 严重　　　　E. 导线损伤

401. 下图标出的是（　　　　　）缺陷，缺陷等级是（　　　　　）。

A. 抱箍锈蚀　　　　B. 一般　　　　C. 异物
D. 严重　　　　E. 线夹锈蚀

402. 下图标出的是（　　　　　）缺陷，缺陷等级是（　　　　　）。

A. 杆塔倾斜　　　　B. 一般　　　　C. 异物
D. 杆塔纵向裂纹　　　　E. 严重

403. 下图标出的是（　　　　　）缺陷，缺陷等级是（　　　　　）。

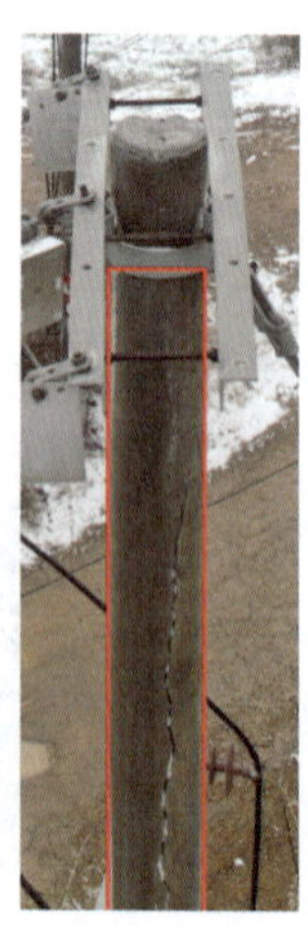

A. 杆塔倾斜　　　　B. 一般　　　　C. 杆塔纵向裂纹
D. 严重　　　　E. 危急

404. 下图标出的是（　　　　　）缺陷，缺陷等级是（　　　　　）。

A. 互感器绝缘套缺失　　B. 一般　　C. 危急
D. 严重　　E. 互感器引线断裂

405. 下图标出的是（　　　　　）缺陷，缺陷等级是（　　　　　）。

A. 互感器引线断裂　　B. 一般　　C. 避雷器引线断裂
D. 严重

406. 下图标出的是（　　　　　）缺陷，缺陷等级是（　　　　　）。

A. 引线断裂　　B. 导线绝缘层损坏
C. 一般　　D. 严重

407. 下图标出的是（　　　　）缺陷，缺陷等级是（　　　　）。

A. 引线断裂　　　　B. 导线绝缘层损坏

C. 严重　　　　D. 一般　　　　E. 导线散股

408. 下图标出的是（　　　　）缺陷，缺陷等级是（　　　　）。

A. 横担锈蚀　　　　B. 连接金具锈蚀

C. 线夹锈蚀　　　　D. 一般　　　　E. 严重

409. 下图标出的是（　　　　）缺陷，缺陷等级是（　　　　）。

A. 互感器绝缘护罩缺失　　　　B. 变压器高压接线柱绝缘护罩缺失

C. 严重　　　　D. 一般

410. 下图标出的是（　　　　　）缺陷，缺陷等级是（　　　　　）。

A. 树障　　B. 一般　　C. 鸟巢　　D. 严重

411. 下图标出的是（　　　　　）缺陷，缺陷等级是（　　　　　）。

A. 导线断股　B. 导线未绑扎　C. 卡扣丢失　D. 严重
E. 危急

412. 下图标出的是（　　　　　）缺陷，缺陷等级是（　　　　　）。

A. 引线断裂　　B. 危急
C. 低压负荷开关绝缘罩缺失　D. 严重　E. 导线未绑扎

413. 下图标出的是（　　　　　）缺陷，缺陷等级是（　　　　　）。

A. 树障　　　　B. 杆塔倾斜　　　　C. 危急

D. 严重　　　　E. 杆塔破损

414. 下图标出的是（　　　　　）缺陷，缺陷等级是（　　　　　）。

A. 耐张线夹绝缘罩缺失　　　　B. 接续线夹绝缘罩缺失

C. 导线绝缘破损　　　　D. 严重　　　　E. 一般

415. 下图标出的是（　　　　　）缺陷，缺陷等级是（　　　　　）。

A. 避雷器破损　　　　B. 一般　　　　C. 绝缘子破损

D. 严重　　　　E. 绝缘子污秽　　　　F. 危急

416. 下图标出的是（　　　　　）缺陷，缺陷等级是（　　　　　）。

A. 金具锈蚀　　B. 一般　　C. 绝缘罩缺失
D. 螺母丢失　　E. 严重　　F. 危急

417. 下图标出的是（　　　　　）缺陷，缺陷等级是（　　　　　）。

A. 杆塔裂纹　　B. 一般　　C. 杆塔倾斜
D. 塔顶损坏　　E. 严重　　F. 危急

418. 下图标出的是（　　　　　）缺陷，缺陷等级是（　　　　　）。

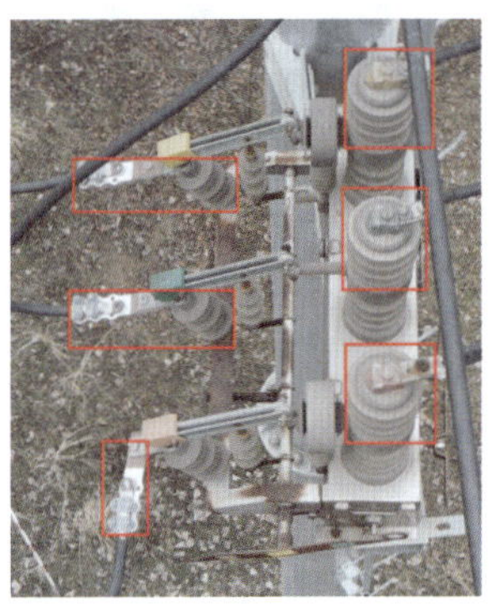

A. 互感器绝缘罩缺失　　B. 一般
C. 柱上断路器绝缘罩缺失　　D. 严重

419. 下图标出的是（　　　　　）缺陷，缺陷等级是（　　　　　）。

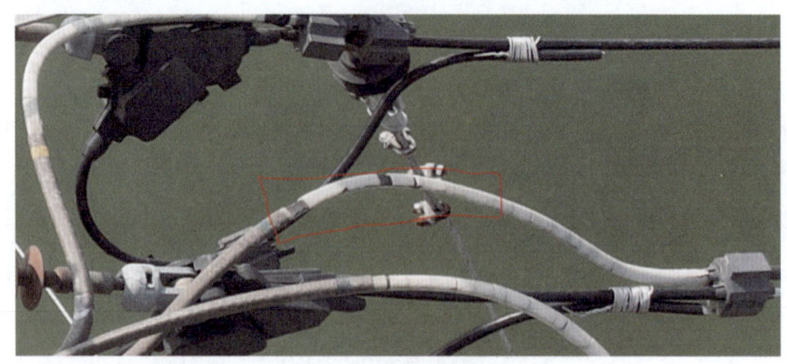

A. 导线绝缘层破损　　　　B. 一般
C. 电缆护套损坏　　　　　D. 严重

420. 下图标出的是（　　　　　）缺陷，缺陷等级是（　　　　　）。

A. 电缆护套损坏　　　　　B. 一般
C. 导线绝缘层破损　　　　D. 严重

421. 下图标出的是（　　　　　）缺陷，缺陷等级是（　　　　　）。

A. 绝缘子污秽　　　　　　B. 绝缘子放电
C. 绝缘子破损　　　　　　D. 严重　　　　E. 危急

422. 下图标出的是（　　　　　）缺陷，缺陷等级是（　　　　　）。

A. 绝缘子污秽　　B. 危急　　C. 绝缘子破损
D. 严重　　E. 绝缘子放电　　F. 一般

423. 下图标出的是（　　　　　）缺陷，缺陷等级是（　　　　　）。

A. 横担锈蚀　　B. 横担弯曲变形
C. 横担脱落　　D. 严重　　E. 危急

424. 下图标出的是（　　　　　）缺陷，缺陷等级是（　　　　　）。

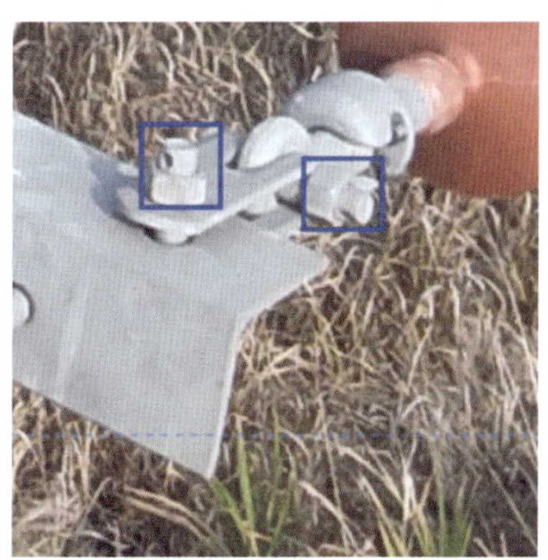

A. 螺栓脱落　　B. 危急　　C. 一般
D. 保险销子脱落　　E. 螺栓松动　　F. 严重

425. 下图标出的是（　　　　）缺陷，缺陷等级是（　　　　）。

A. 导线断裂　B. 导线散股　C. 一般　D. 严重　E. 危急

426. 下图标出的是（　　　　）缺陷，缺陷等级是（　　　　）。

A. 横担松动　B. 危急　C. 一般
D. 严重　E. 横担变形弯曲

427. 下图标出的是（　　　　）缺陷，缺陷等级是（　　　　）。

A. 可卸式避雷器跌落　B. 危急　C. 一般
D. 可卸式避雷器脱扣　E. 严重

428. 下图标出的是（　　　　　）缺陷，缺陷等级是（　　　　　）。

A. 固定式避雷器脱扣　　B. 危急　　C. 一般
D. 严重　　E. 可卸式避雷器脱扣

429. 下图标出的是（　　　）缺陷，缺陷等级是（　　　　　）。

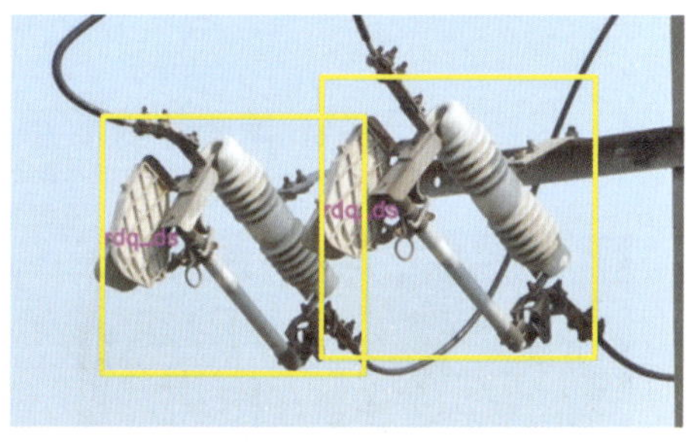

A. 固定式避雷器无绝缘罩　　B. 危急　　C. 一般
D. 熔断器无绝缘罩　　E. 严重

430. 下图标出的是（　　　　　）缺陷，缺陷等级是（　　　　　）。

A. 固定式避雷器无绝缘罩　　B. 危急　　C. 一般
D. 可卸式避雷器无绝缘罩　　E. 严重

431. 下图标出的是（　　　　）缺陷，缺陷等级是（　　　　）。

A. 架空导线对建筑物安全距离不足
B. 架空导线对高杆植物安全距离不足
C. 危急
D. 严重
E. 一般

432. 下图标出的是（　　　　）缺陷，缺陷等级是（　　　　）。

A. 金具不全　　　　B. 绝缘子破损
C. 绝缘子污秽　　　D. 严重
E. 一般　　　　　　F. 危急

第9章 标注人员培训教材习题答案

9.1 配电网基础知识习题答案

1. 判断题

1. √；2. √；3. ×；4. √；5. √；6. ×；7. √；8. ×

2. 单选题

9. B；10. D；11. C；12. A；13. D；14. D

3. 多选题

15. DE；16. BC；17. CD

9.2 配电网架空线路基本组成习题答案

1. 判断题

18. √；19. √；20. ×；21. √；22. √；23. √；24. ×；25. √；26. ×；27. √；28. √；29. √；30. √；31. √；32. ×；33. √；34. ×；35. √；36. ×；37. √；38. ×；39. √；40. ×；41. √；42. √；43. √；44. ×；45. √；46. √；47. √；48. ×；49. ×；50. √；51. √；52. √；53. √；54. √；55. √；56. √；57. ×；58. ×；59. ×；60. √；61. √；62. ×；63. √；64. √；65. ×；66. √；67. ×；68. √；69. √；70. √；71. ×；72. ×；73. ×；74. ×；75. √；76. √；77. √；78. √；79. ×；80. √；81. √；82. ×；83. ×；84. √；85. √；86. √；87. √；88. √

2. 单选题

89. D；90. C；91. A；92. B；93. B；94. A；95. D；96. B；97. C；98. D；99. A；100. B；101. B；102. B；103. A；104. B；105. C；106. C；107. C；108. C；109. A；110. B；111. B；112. C；113. A；114. A；115. B；116. D；117. A；118. C；119. B；120. A；121. B；122. A；123. B；124. C；125. B；126. D；127. D；128. A；129. B；130. B；131. C；132. B；133. D；134. C；135. A；136. A；137. D；138. A；139. D；140. A；141. B；142. B；143. D；144. B；145. D；146. A；147. C；148. B；149. B；150. C；151. A；152. C；153. D；154. B；155. A；156. C；157. C；158. A；

159. D；160. C；161. B

3. 多选题

162. ABD；163. ABCE；164. ABD；165. CD；166. ABC；167. BCD；168. CD；169. CD；170. AC；171. ABCDE；172. CD；173. BC；174. ABCE；175. AD；176. ABC；177. ABCD；178. ACD；179. BCD；180. ABC；181. ABCD；182. ABDE；183. ACD；184. ABC；185. ABCD；186. ABCD；187. BC

9.3 配电网架空线路设备习题答案

1. 判断题

188. √；189. √；190. √；191. ×；192. ×；193. √；194. √；195. ×；196. √；197. √；198. √；199. √；200. ×；201. √；202. √；203. √；204. √；205. √；206. √；207. ×；208. √；209. √

2. 单选题

210. A；211. B；212. C；213. A；214. A；215. A；216. C；217. A；218. C；219. D；220. C；221. B；222. B；223. B；224. C；225. B；226. C；227. B；228. A；229. D；230. C；231. B；232. C；233. B；234. D；235. A；236. A；237. C；238. B；239. A；240. D；241. A；242. C；243. C；244. A；245. A

3. 多选题

246. ABCDE；247. ABCD；248. AB；249. ABC；250. ABC；251. ABCD

9.4 配电网架空线路设备缺陷习题答案

1. 判断题

252. √；253. ×；254. √；255. √；256. √；257. ×；258. √；259. ×；260. √；261. √；262. √；263. √；264. ×；265. √；266. ×；267. ×；268. ×；269. √；270. √；271. √；272. √；273. √；274. ×；275. √；276. √；277. √；278. √；279. ×；280. ×；281. √；282. √；283. ×；284. √；285. √；286. √；287. √；288. ×；289. ×；290. √；291. √；292. ×；293. ×；294. ×；295. √；296. √；297. √；298. ×；299. √；300. √；301. √；302. ×；303. ×；304. √；305. √；306. √；307. ×；308. √；309. ×；310. √；311. √；312. √；313. √；314. ×；315. ×；316. √；317. ×；318. √；319. √；320. √；321. √；322. ×；323. ×

2. 单选题

324. A；325. C；326. A；327. A；328. B；329. B；330. C；331. C；332. B；333. C；334. A；335. B；336. B；337. A；338. C；339. A；340. A；341. C；342. C；343. B；344. C；345. A；346. B；347. B；348. A；349. C；350. C；351. B；352. A；353. C；354. C；355. B；356. A；357. C；358. B 359. C；360. A；361. C；362. C；363. A；364. B；365. C；366. B；367. C；368. A；369. A；370. B；371. B；372. A；373. C；374. C；375. B；376. A；377. C；378. C；379. B；380. C；381. B；382. C；383. B

3. 多选题

384. BC；385. BD；386. AC；387. AC；388. BC；389. AD；390. BC；391. BC；392. CE；393. AD；394. BE；395. BE；396. AB；397. BE；398. BC；399. BE；400. CD；401. AD；402. DE；403. CE；404. AD；405. CD；406. BC；407. BC；408. BE；409. BC；410. CD；411. BE；412. CD；413. BC；414. BE；415. CF；416. DE；417. DE；418. CD；419. CD；420. AD；421. BE；422. AF；423. BE；424. DF；425. BE；426. AB；427. DE；428. AD；429. DE；430. DE；431. BC；432. BF

配电网架空线路巡检图像设
备缺陷标注培训题库
微信扫码，输入本书附赠免
费码即可使用